KB056697

야생버섯도감

가교출판

야생버섯도감

1판 1쇄 인쇄　2019년 7월 25일
1판 1쇄 발행　2019년 8월 5일

지은이　석순자 · 김양섭 · 박영준
펴낸이　정해운
편　집　그린북 편집팀
디자인　디자인 봄

펴낸곳　가교출판
등　록　1993년 5월 20일(제201-6-172호)
전　화　02-762-0598~9, 080-746-7777(수신자 부담)
팩　스　02-765-9132
E-MAIL　gagiobook@hanmail.net
홈페이지　http://가교출판사.kr

ISBN　978-89-7777-702-6 (13400)

* 이 도서의 국립중앙도서관 출판예정도서목록(CIP)은 서지정보유통지원시스템 홈페이지(http://seoji.nl.go.kr)와 국가자료종합목록 구축시스템(http://kolis-net.nl.go.kr)에서 이용하실 수 있습니다. (CIP제어번호 : CIP2019026441)

WILD MUSHROOM ILLUSTRATED BOOK

버섯 151종

야생버섯도감

석순자 · 김양섭 · 박영준 공저

가교출판

머리말

우리나라는 봄, 여름, 가을, 겨울이라는 사계절이 뚜렷하고, 자연의 풍광 또한 다채로워 일상적으로 변화무쌍한 아름다움을 감상할 수 있습니다. 이처럼 자연 조건이 다양한 만큼 전국의 산야 및 생활공간 주변에 이름 모를 수많은 꽃과 약초들이 피었다가 지고 다시 피어나기를 반복합니다.

버섯 또한 우리 산야에 참으로 다양하게 자라나고 있는데 대략적으로 종류는 얼마나 되고, 그 중 먹을 수 있는 버섯은 또 얼마나 되는지 누구나 한번쯤은 궁금했을 것입니다.

한반도에 자생하는 버섯은 약 5,000여 종으로 추정되며, 현재까지 1,880여 종이 보고되어 있습니다. 그 중에서 식용 가능한 버섯은 400여 종, 독버섯은 90여 종으로 알려져 있습니다. 지역에 따라 다소 차이는 있지만 예로부터 전해 내려오는 우리나라의 대표적인 식용버섯은 송이, 갓버섯, 싸리버섯, 달걀버섯, 꾀꼬리버섯, 밤버섯, 목이, 능이 등 20~30여 종입니다.

천혜의 자연 조건을 활용하여 영양 만점의 밥상을 차리고 건강을 지켜온 우리 조상들은 생활 속에서 약식동원(藥食同源)을 실천하고, 그런 삶의 지혜를 대대손손 전해왔습니다. 특히 자연이 선물한 '만능식품'으로 알려진 식용버섯, 그 중에서도 '제1능이, 제2표고, 제3송이'라는 말이 조상들에게서 대대로 전해 내려올 만큼 버섯이 지닌 기능적인 가치와 맛, 그리고 향을 중시하였습니다.

제1능이(일명 향버섯)는 독특한 향을 지니고 있으며 장기간 보관이 가능하고, 약이 귀한 시절에 약(藥) 대용으로 사용하였습니다. 제2표고는 건조 시 장기간 보존할 수 있고, 조직의 맛과 향이 생버섯보다 뛰어나며, 항바이러스 등의 효과가 있는 것으로 밝혀졌습니다. 제3송이는 향은 으뜸이나 그 향이 오래가지 못하고 장기

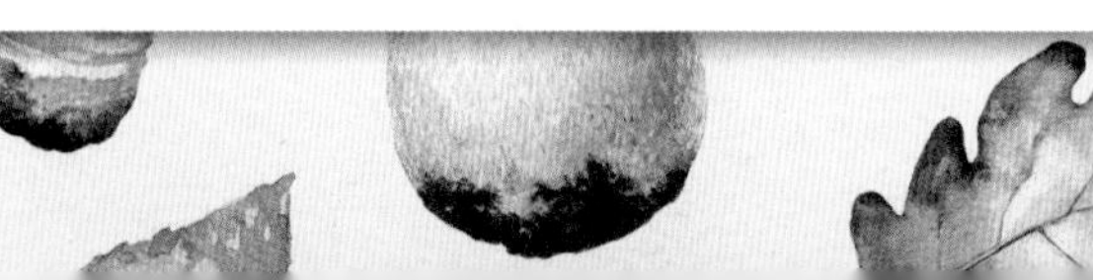

간 보존이 어려워 신선할 때 먹어야 하는 단점이 있습니다. 그러나 현대에 들어와서 사람들은 버섯의 가격에 따라 '제1송이, 제2능이, 제3표고'라 말하기도 합니다.

인공을 가하지 않은 자연의 산물 그대로의 식재료가 사람 몸에 얼마나 이로운지에 대해 다양한 연구 사례들이 발표되고 있습니다. 특히 최근의 연구결과에서 식용버섯과 약용버섯에 항종양 물질과 면역조절 물질이 함유되어 있고, 노화 억제, 신체 리듬 조절, 성인병 예방, 항암 작용 등의 효능이 있는 것으로 밝혀져 주목받고 있습니다.

이처럼 버섯이 기능성 식품으로 탁월한 효능을 발휘하는 것으로 밝혀지면서 건강 기능성 식품으로 널리 사용되고 있으나, 그만큼 독버섯 중독사고도 빈번히 발생하고 있습니다. 이는 야생 버섯에 대한 올바른 지식이 없는 일반인들이 근거 없는 속설과 잘못된 구별법으로 버섯의 식독(食毒)여부를 잘못 판단하여 채취하기 때문입니다.

이 책에서는 우리나라 산야 및 생활공간의 주변에 자생하는 151종의 대표적인 식용 및 약용버섯, 독버섯의 특징을 기술하고 버섯의 성장단계 및 발생 지역에서의 생태 사진을 수록하여 버섯 백과사전 겸 버섯 도감으로 활용토록 하였습니다.

특히 버섯은 생장과정에 따라 변화가 심하여 일반인들이 그 모양을 보고 쉽게 식별하기가 어려운 점을 감안하여 생장시기별, 서식지별로 나타나는 특징을 사진으로 담아 시각적으로 확인할 수 있도록 하였습니다. 또한 유사 버섯별로 비교함은 물론 각각의 식용버섯과 독버섯을 식별할 수 있도록 가급적 다양한 형태의 사진을 수록하였으며 부록으로 버섯 구조 및 용어 해설을 담았습니다.

끝으로, 우리나라에 자생하는 전체 식용버섯과 독버섯을 모두 다루지 못한 미진함이 있지만 앞으로 보다 더 노력하고 조사하여 알차고 충실한 야생 버섯 도감을 만들 것을 약속합니다. 국내의 버섯 연구 및 산업에 종사하는 많은 전문 연구자와 학생들, 버섯에 관심이 있는 일반인들에게 이 책이 작은 도움이 되기를 바랍니다.

지은이 씀

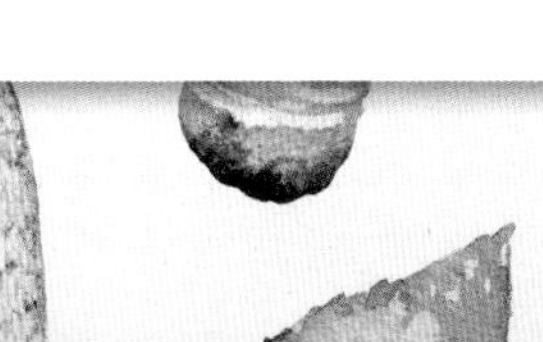
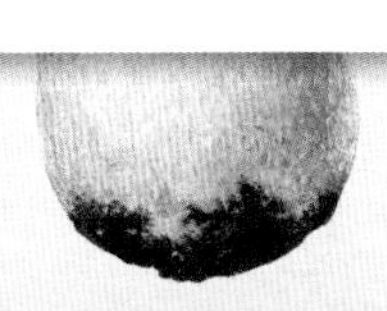

차례

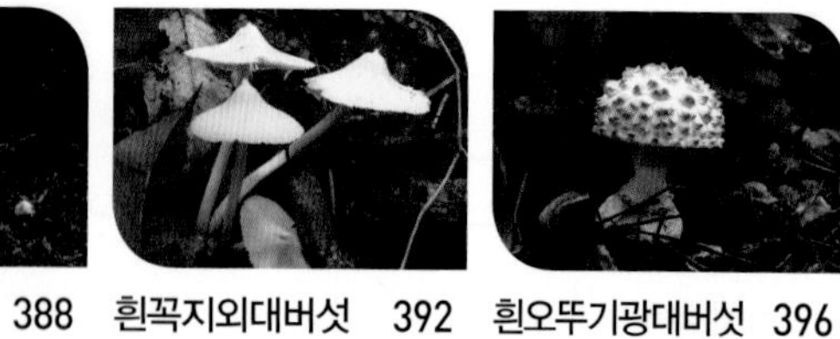

약용

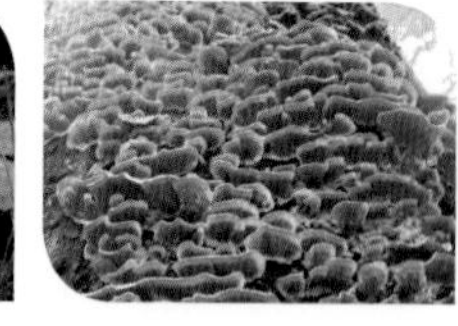

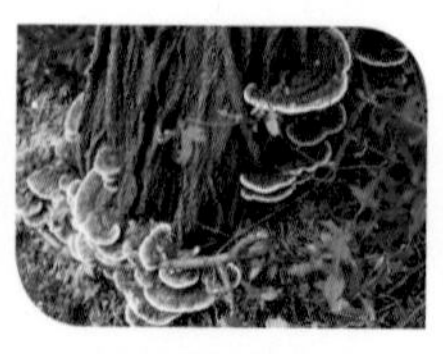

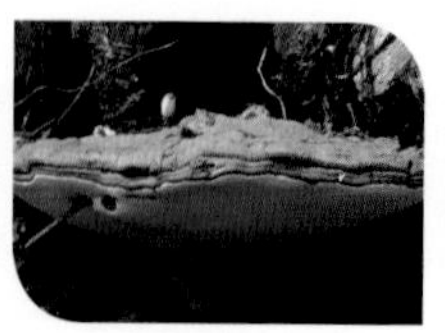

일러두기

- 본서는 151종의 야생버섯을 식용 · 독 · 약용 · 준독 · 불명버섯의 5가지로 구분하여, 한국명의 가나다순으로 수록하였다.
- 약용버섯의 경우 버섯을 직접 먹거나 추출해서 먹을 경우뿐만 아니라 바르는 용도로 사용하는 버섯도 해당한다. 준독버섯은 생식하거나 다량 먹을 경우 중독되는 버섯을 말하고, 불명버섯은 식용여부가 밝혀지지 않은 버섯을 말한다.
- 각 버섯마다 학명, 형태적 특징, 발생 시기 및 장소, 식용 가능 여부, 분포, 참고할 내용을 최대한 수록하고 있다. 또한 독버섯일 경우에는 감별해야 할 식용버섯 항목도 추가하였다.
- 버섯은 생장과정에 따라 변화가 심하여 식별하기가 어려운 점을 감안하여 되도록 다양한 형태의 사진을 수록하고자 하였으며, 갓 위 또는 자실층을 위주로 촬영한 사진과 갓 밑부분에서 촬영한 사진을 각각 수록하도록 노력하였다.
- 어려운 과학 용어나 한자어는 가능한 한 쉬운 우리말로 풀어 쉽게 설명하고자 하였다.
- 버섯 구조에 관한 용어 및 용어 설명 등을 여러 자료집에서 발췌하여 보다 풍부하게 수록하였다.
- 분류체계는 Index fungorum에서 정리한 웹 DB를 기준으로 정리하였다. 학명은 위의 웹 DB에서 정명으로 정한 것을 인용하였다. 한국명은 한국균학회에서 발간한 한국의 버섯 목록(2013)을 인용하였으며 속명과 과명 등이 잘못되었거나 없는 그룹은 신칭 또는 개칭을 하였다.
- 현재 사용 중인 한국명과 학명의 색인표는 2017년 1월의 Index fungorum 분류체계에 준해 정리되었다. 그러나 균학자들에 의해 계속 분류위치가 변경되고 있어 한국의 버섯연구관련 학회에서 인증된 자료를 중심으로 본 책자에 반영하고 있다.

버섯의 일반적인 특징

1. 버섯이란 무엇인가?

버섯은 일반식물과 달리 엽록소가 없어서 광합성을 하지 않고, 식물이나 동물의 사체로부터 흡수 또는 종속영양을 하며 살아가는 균류(菌類)에 속한다. 일반적으로 균류는 맨눈으로 보기 어려운 작은 생물체를 말하지만 버섯은 눈으로 볼 수 있으며 손으로 만질 수 있을 정도의 큰 자실체를 만드는 종류다. 즉, 균류 중에서 영양생장세대에 균사체(hyphae)로 살아가다가 생식생장세대(유성세대)에서 자실체(버섯)를 만드는 곰팡이를 버섯이라고 부른다.

우리가 먹는 버섯은 식물의 꽃이나 열매, 줄기와 비슷하며, 종자에 해당하는 포자를 자실체 속에 담고 있다. 버섯의 형태는 흔히 볼 수 있는 우산 모양을 비롯하여 나팔 모양, 알 모양, 산호 모양 등 다양한 모습을 가지며, 땅속에서 알 형태로 생장하여 쉽게 찾을 수 없는 트러플 같은 종류의 버섯도 있다.

버섯이 자라는 환경에 따라 흙에서 성장하는 균사체를 토질성(terrestrial), 나무에서 성장하는 균사체를 호목재성(lignicolous), 분변에서 성장하는 균사체를 분서식성(coprophilous), 다른 버섯 위에서 성장하는 균사체를 버섯기생성(fungicolous)으로 구분한다. 버섯이 잘 자라는 환경요인은 버섯 종별로 차이가 있으나 대부분 인공재배가 가능한 버섯류는 특정 나무와 연관 지어 찾을 수 있다.

주름버섯목의 버섯은 수분이 약 90%이고, 주로 습한 곳에서 발생한다. 또한 종류에 따라 다소 차이는 있지만 버섯이 발생되는 온도는 대체로 20℃ 전후이므로 장마철이나 초가을 태풍이 지나간 후에 많이 볼 수 있다. 우리나라에서는 6월부터 10월 사이에 많이 발생하는데, 다년생의 버섯은 일 년 내내 나무에 붙어서 자란다.

버섯이란 말은 고려시대 발간된 『삼국사기』의 신라 성덕왕 편에 금지(金芝)와 서지(瑞芝)라는 버섯명이 등장하나 아직 명확히 어떤 버섯인지는 모른다. 조선시대 「세종실록지리지」에는 송이(松茸), 진이(眞茸), 조족이(鳥足茸), 향이(香茸), 표고(薸藁) 등이 언급되었고, 허준이 저술한 『동의보감』에는 복령(伏笭), 저령(猪笭), 목이(木茸), 진흙버섯류(桑茸), 표고(麻孤), 송이(松茸), 귀이(鬼茸) 등의 기록이 있다.

현재의 버섯 이름에는 항상 '버섯'을 붙이지만, 고대로부터 내려오는 버섯 이름(송이,

【버섯 생활사(life cycle)】

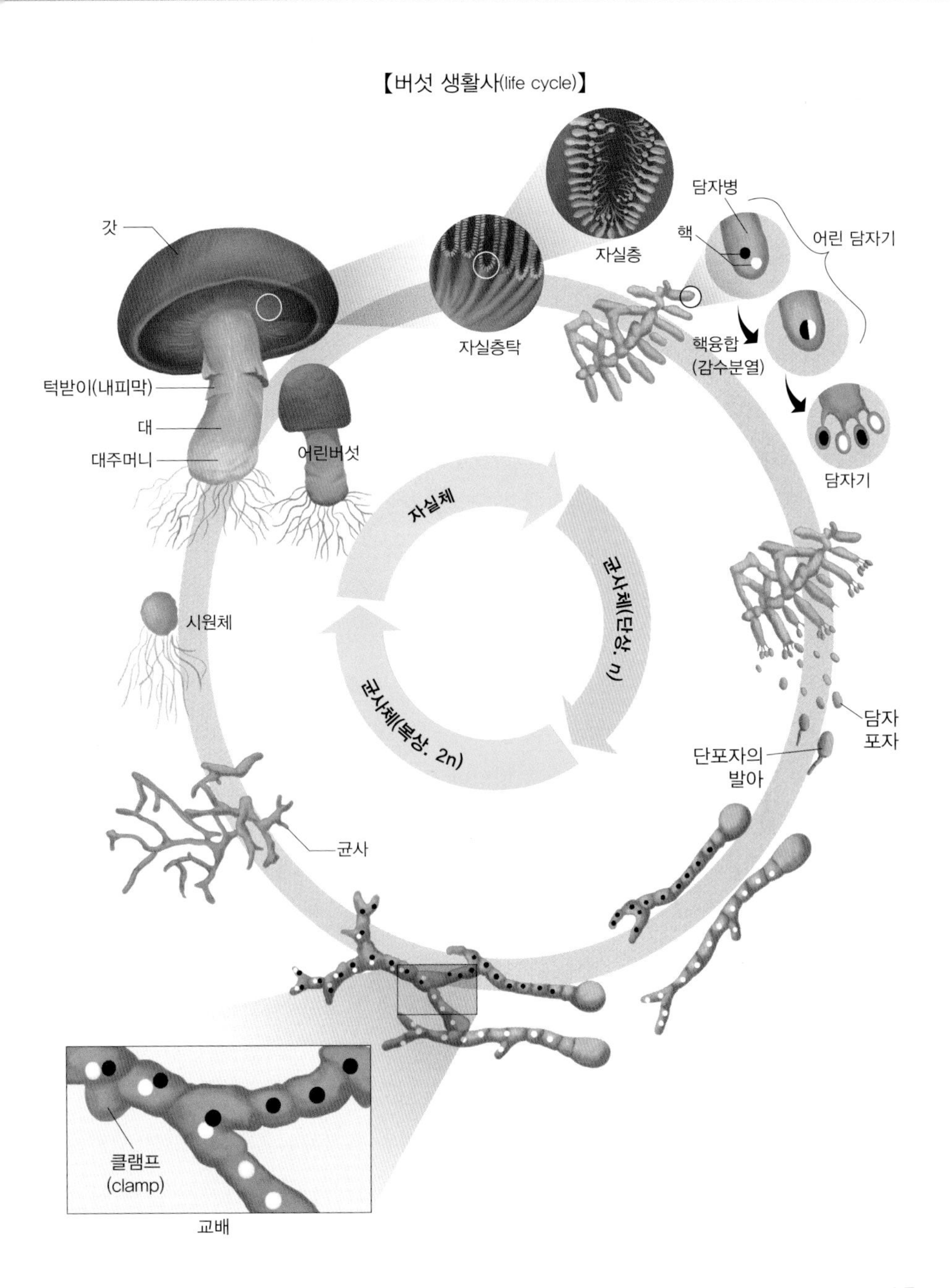

표고, 능이, 느타리, 양송이, 복령, 불로초, 저령, 노루궁뎅이, 목이 등)은 '버섯'을 붙이지 않고 그대로 쓴다. 즉, 모든 버섯 이름에 '버섯'을 붙여 표기하는 것은 잘못된 것이다.

전 세계적으로 15,000여 종의 버섯이 있는 것으로 알려져 있으며, 우리나라에는 약 5,000여 종이 자생하는 것으로 추정되고, 현재까지는 1,600여 종이 기록되어 있다. 이 중에서 식용 또는 약용버섯이 약 25% 수준인 400여 종이고, 독버섯이 10% 수준, 나머지 65%는 식용 여부가 잘 알려져 있지 않다.

2. 버섯의 생활사

버섯은 주로 균사라는 섬유질로 구성되어 있으며, 유성생식이 뚜렷하여 생활사를 분명히 알 수 있다. 균사체는 성장 과정에서 다양한 물리적, 화학적, 생물학적, 영양학적 변화로 번식단계인 자실체(mushroom)를 형성한다. 그리고 자실체에서 만들어진 유성포자는 바람이나 동식물에 의해 포자를 날려 낙하하여 두 종류의 균사체로 발아한다. 이 균사체들을 단핵균사체라 부르며, 외관상으로는 유사하지만 각각 다른 핵의 성질을 가진다. 그중 하나는 플러스(+), 다른 하나는 마이너스(−) 계통이다. 각각 다른 핵을 가진 1차균사(primary mycelia)가 결합하여 두 종류의 세포핵을 갖는 2차균사를 형성한다. 2차균사는 기질 속에 원기(primordium)를 형성하고, 환경요인에 따라 1~3주 후에 균사의 집합체인 어린 자실체(button) 형태로 성장한다.

알 모양의 어린 자실체는 갓과 대로 성장을 해서 성숙한 자실체가 된다. 외피막(universal veil)은 어린 버섯을 완전히 덮는 막이고, 성장하면 대주머니와 갓 표면의 인편이나 돌기로 남게 된다. 자실층(포자형성층)은 주름살과 관공 등으로 성장한 후 포자를 산출하는 조직이다. 내피막(partial veil)은 자실층을 보호하는 막이며, 대가 땅에서 위쪽으로 길어지면 성숙포자는 비산하기 위해 갓에서 떨어져 대부분 대의 상부에 위치한다. 그래서 내피막의 흔적을 턱받이라 부른다.

버섯의 수명은 얼마나 될까? 실제로 버섯의 수명을 측정하는 것은 어렵다. 기주나 토양 내에서 영양생장세대를 거치기 때문에 육안으로 확인하는 게 매우 어렵고, 기주의 상태에 따라 같은 종이라도 차이가 나기 때문이다.

【버섯(광대버섯)의 성장단계】

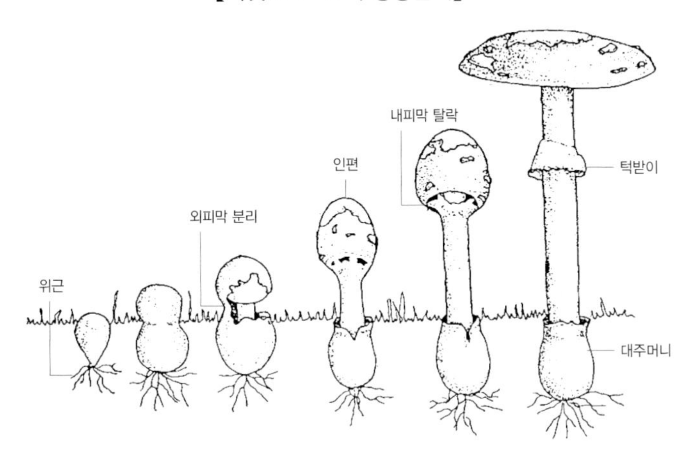

일반적으로 사물기생균 버섯일 경우는 기주에 따라 나이가 결정되고, 땅속에서 나무의 뿌리와 만나 균근(菌根)을 만들어 살아가는 송이의 경우 땅속에 한번 균사가 정착하면 균사가 해마다 자라면서 버섯을 만든다. 송이 균은 소나무를 중심으로 고리 모양의 균환(菌環)을 만들면서 생장하는데 1년에 10~15㎝씩 자라서 균환지름이 10m 이상 자라기도 한다. 송이 균이 1년에 15㎝ 자란다고 가정할 경우 균환의 크기가 10m에 이르면 30년 이상 자란 것이다. 또한 나무에 붙어서 사는 버섯들도 다년생의 버섯들이 많이 있다.

3. 생태계에서의 버섯 역할

생태계는 생물과 무생물로 나눌 수 있으며, 생물은 무기물을 유기물로 전환시켜 주는 생산자, 유기물을 먹고 사는 소비자, 생산자와 소비자를 분해해서 자연으로 환원시켜 주는 분해자 등으로 이루어져 있다. 이들 중 분해자는 세균과 진균(곰팡이) 등으로 이루어져 있는데, 버섯이 진균의 무리로서 분해자 역할을 하고 있다.

버섯의 생활방식은 3가지로 나눌 수 있는데, 첫째는 물질을 분해하기는 하지만 스스로 영양을 만들지 못하고 전적으로 다른 생물이 만들어 놓은 영양에 의지하여 생활하는 기생(寄生)생활을 하는 것이다. 둘째는 물질을 썩히기는 하는데 주로 나무나 풀을 썩히는 부생(腐生)의 역할을 하고 있다. 식물의 셀룰로스 등을 썩혀서 그 영양분을 섭취하며 살아가는 것이다. 셋째는 다른 식물과 공생(共生)생활을 하는 외생균근균들이다. 송이의 균사는 살아 있는 소나무의 가는 뿌리에 균근을 만들어 소나무에게 수분을 공급해 주고, 소나무로부터 양분을 제공받음으로써 서로 돕는 관계를 유지한다.

4. 식용버섯과 독버섯의 구별법

식용버섯과 독버섯의 구별법이 따로 있는 것이 아니다. 버섯도 다른 생물과 마찬가지로 형태적인 특성에 의해 종(species)을 구분한 후, 국내외 발표된 문헌을 통하여 식용버섯과 독버섯의 여부를 판단하고 있다. 특히 버섯은 현미경으로 관찰해야 하는 미세구조의 특성이 종을 결정하는 주요인이 되는 경우가 많다. 그러므로 항상 정확한 동정(同定 : 생물의 분류학상의 소속이나 명칭을 바르게 정하는 일)을 위해서는 미세구조를 확인할 수 있는 표본을 전문기관에 제출하여 종 구분을 해야 한다.

일반인이 아래 표와 같은 방법으로 식용버섯과 독버섯을 구분할 수 있다는 오류를 범하고 있기 때문에 독버섯 중독사고가 자주 발생하고 있다. 우리나라 산야에는 식용버섯과 유사한 독버섯들이 많으므로 야생에서 버섯을 채취하는 경우에는 반드시 주의해야 한다. **아래 내용은 근거 없는, 잘못 알려진 구별법이므로 절대 식용 · 독버섯 판별에 이용하면 안 된다.**

잘못 알려진 식용버섯과 독버섯 구별법

식용버섯	독버섯
• 색이 화려하지 않고 원색이 아닌 것 • 세로로 잘 찢어지는 것 • 유액이 있는 것 • 대에 띠가 있는 것 • 곤충이나 벌레가 먹은 것 • 요리에 넣은 은수저가 변색되지 않는 것	• 색이 화려하거나 원색인 것 • 세로로 잘 찢어지지 않는 것 • 대에 띠가 없는 것 • 벌레가 먹지 않은 것 • 요리에 넣은 은수저가 변색되는 것 • 가지나 들기름을 넣으면 독성이 없어진다는 생각

버섯의 구조와 용어

【버섯의 부위별 명칭】

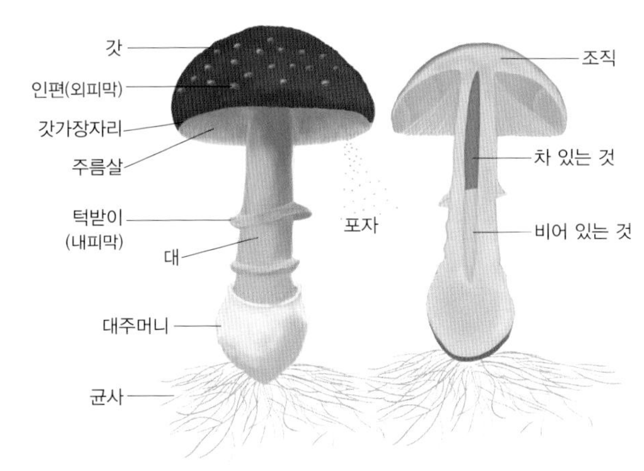

버섯은 그 생김새와 발생 형태가 매우 다양하며, 갓의 모양, 갓이 대에 붙은 모양, 주름살의 모양과 밀도 등도 역시 매우 다양하다. 그림과 사진을 통해 버섯의 각 부위 명칭과 각 부위의 모양, 발생 형태 등과 함께 이를 일컫는 다양한 용어를 알아보도록 하자.

【버섯의 발생 형태】

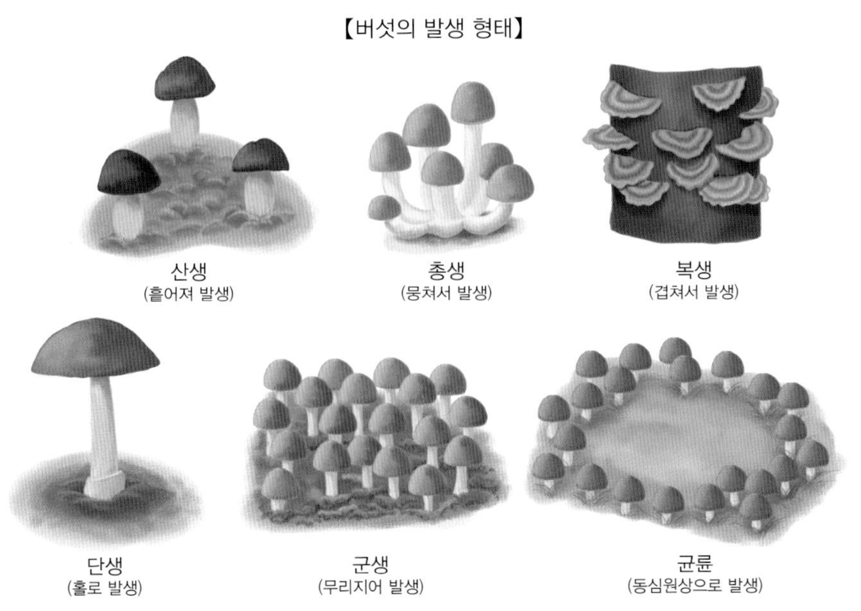

【주름살이 대에 붙은 모양】

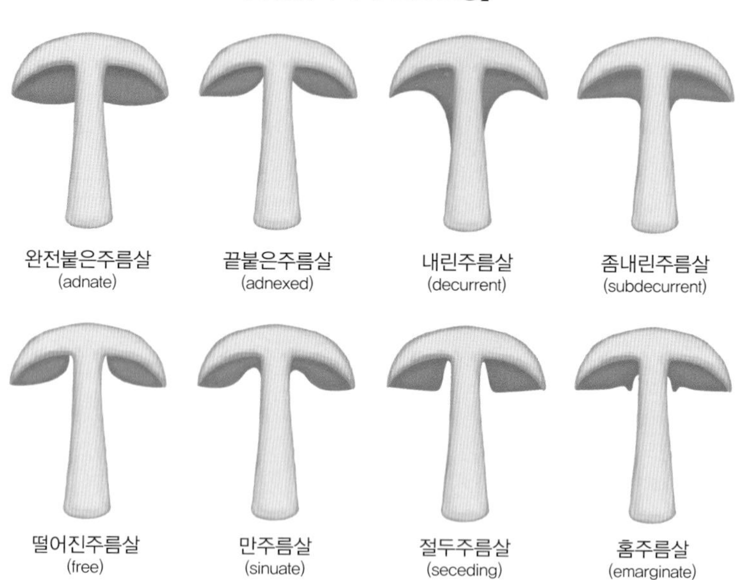

【주름살의 밀도】

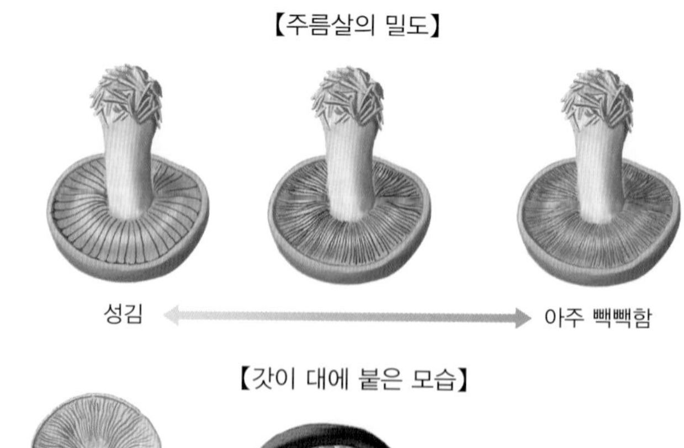

【갓이 대에 붙은 모습】

중심생

편심생

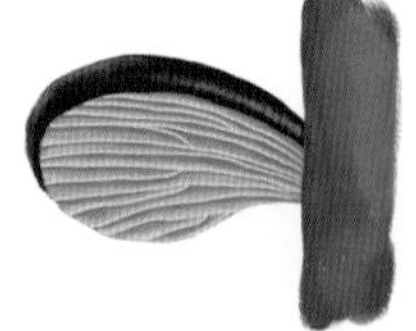
측생

【턱받이(내피막) 모양】

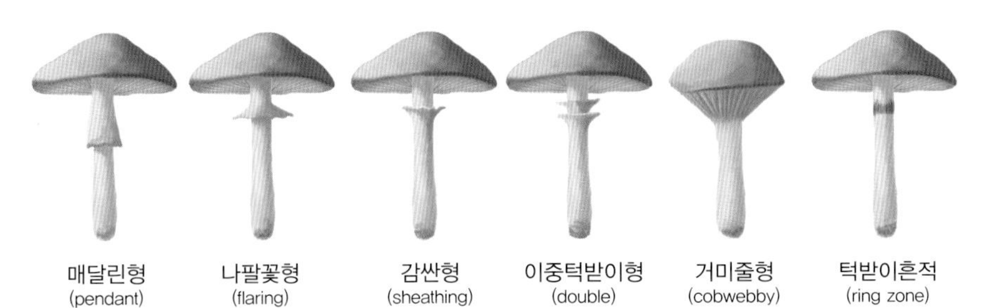

【대의 모양】

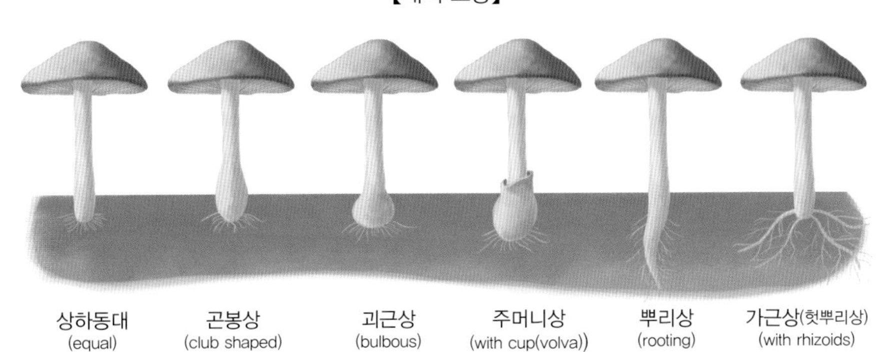

【갓의 가장자리 모양】

【갓의 모양】

반반구형
(convex)

반구형
(hemispherical)

구형
(spherical)

달걀형(난형)
(ovoid)

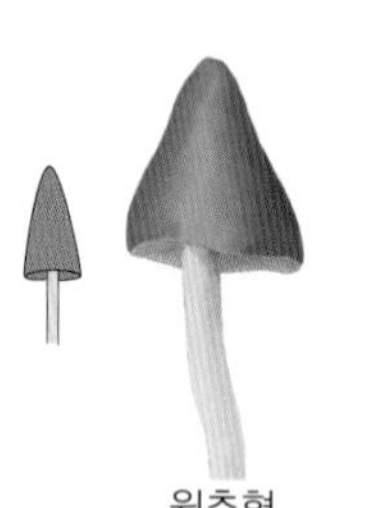
원추형
(conical)

원통형
(cylindric)

편평형
(flat)

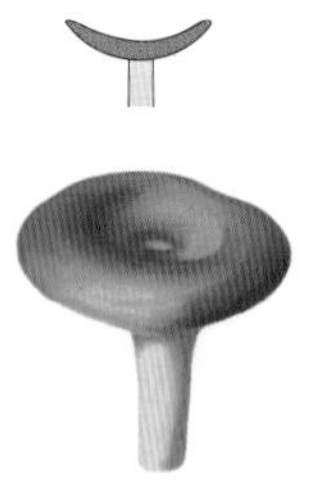
반전형
(depressed)

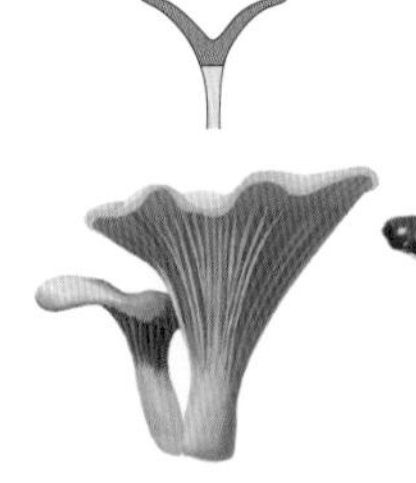
깔때기형
(funnel shaped)

종형
(campanulate)

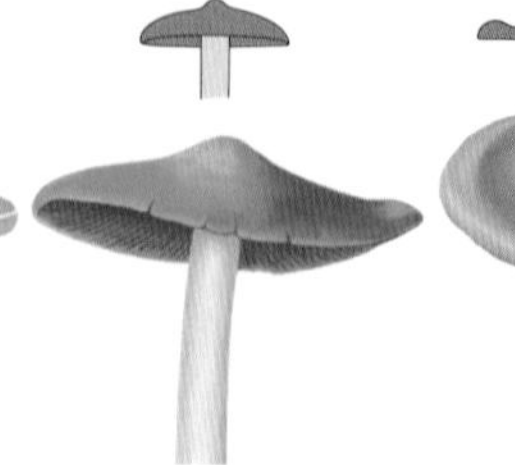
중앙볼록형
(umbonate)

배꼽형
(umbilicate)

끝올림형
(uplifted)

【자실층(포자 형성층)의 모양】

관공상 관공상 관공상

미로상 이랑상 치아상

주름상 이중주름상 평활상

침상 침상

1

식용버섯

개암버섯

개암버섯 *Hypholoma lateritium* (Schaeff.) P. Kumm.

- **발생시기** 늦가을
- **발생장소** 죽은 나무 그루터기에 뭉쳐 무리지어 발생하며 목재부후성 버섯이다.
- **분포지역** 한국, 북반구 온대 이북

식용

담자균문	Basidiomycota
주름버섯강	Agaricomycetes
주름버섯목	Agaricales
포도버섯과	Strophariaceae
개암버섯속	Hypholoma

황색을 띠는 자실체

담황갈색을 띠는 주름살

섬유질상의 털이 있는 어린 버섯

갈황색의 갓

대 위쪽은 연황색을 띠고 기부는 황적갈색을 띠는 모습

내피막 잔유물이 모두 소실된 성숙한 버섯

다발로 발생하는 자실체

형태적 특징 •

개암버섯의 갓은 지름이 3~8㎝ 정도이며, 처음에는 반구형이나 성장하면서 편평형이 되며, 갓 가장자리에 백색의 섬유질상 내피막 잔유물이 있으나 성장하면서 소실된다. 갓 표면은 갈황색 또는 적갈색이며, 습할 때 점성이 있고, 갓 주변부는 연한 색이며, 백색의 섬유상 인편이 있다. 조직은 비교적 두꺼우며, 황백색이다. 주름살은 완전붙은주름살형이며, 약간 빽빽하고, 초기에는 황백색이나 차차 황갈색을 거쳐 자갈색이 된다. 대의 길이는 5~15㎝ 정도이며, 위아래 굵기가 비슷하거나 다소 아래쪽이 굵다. 대의 위쪽은 연한 황색이고, 아래쪽은 황적갈색이며, 섬유상 인편이 빽빽이 퍼져 있다. 대 속은 성장하면서 비어 간다. 턱받이는 없다. 포자문은 자갈색이며, 포자 모양은 타원형이다.

발생 시기 및 장소 •

늦가을에 죽은 나무 그루터기에 뭉쳐 무리지어 발생하며 목재부후성 버섯이다.

식용 가능 여부 • 식용버섯

분포 • 한국, 북반구 온대 이북

참고 •

북한명은 밤버섯이며, 다발버섯과 비슷하나 본종은 쓴맛이 없다는 점에서 쉽게 구별된다.

고무버섯 *Bulgaria inquinans* (Pers.) Fr.

- **발생시기** 초여름부터 가을까지
- **발생장소** 참나무류의 활엽수 고사목이나 그루터기에서 목재를 썩히며 무리지어 발생한다.
- **분포지역** 한국, 전 세계

자낭균문	Ascomycota
두건버섯강	Leotiomycetes
두건버섯목	Leotiales
고무버섯과	Bulgariaceae
고무버섯속	Bulgaria

접시 모양인 윗면

형태적 특징 • 고무버섯의 자실체 크기는 1~3㎝ 정도로 성장 초기에는 팽이 모양이고, 기부 쪽으로 점점 좁아진다. 전체 모양은 원형 또는 유원형이며 종종 무리지어 발생하며, 일그러진 타원형으로 자라기도 한다. 성장하면 정단부가 넓어져 접시 모양을 이루기도 한다. 자실층은 윗면이 검고 편평하다. 하단은 비듬상 인피가 있으며, 연한 갈색 또는 흑갈색을 띤다. 조직은 젤라틴질이고, 고무처럼 강한 탄성이 있으며 황토색을 띤다. 대 없이 기주의 표피에서 직접 발생한다. 자낭포자는 넓은 타원형이며 연한 갈색이다.

발생시기 및 장소 • 초여름부터 가을까지 참나무류의 활엽수 고사목이나 그루터기에서 목재를 썩히며 무리지어 발생한다.

식용 가능 여부 • 식용버섯

분포 • 한국, 전 세계

참고 • 표고 재배 골목에서 병원균으로 발생하여 많은 피해를 주기도 한다.

굽은꽃애기버섯

굽은꽃애기버섯 *Gymnopus dryophilus* (Bull.) Murrill

- **발생시기** 봄에서 가을
- **발생장소** 숲 속의 부식토 또는 낙엽에 무리지어 발생하며, 낙엽부후성 버섯이다.
- **분포지역** 한국, 전 세계

담자균문	Basidiomycota
주름버섯강	Agaricomycetes
주름버섯목	Agaricales
화경버섯과	Omphalotaceae
꽃애기버섯속	Gymnopus

갓이 크림색인 자실체

주름살은 백색을 띤다.

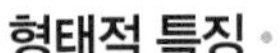

둥근 산 모양의 어린 버섯

자라면서 갓이 점차 펴진다.

완전히 펴진 갓모습

형태적 특징 ·

굽은꽃애기버섯의 갓은 지름이 1~4㎝ 정도로 초기에는 둥근 산 모양이지만 성장하면서 거의 편평한 모양으로 되고 가장자리가 위로 올라가며, 표면은 매끄럽고 황토색이나, 마르면 색이 연해진다. 주름살은 끝붙은주름살형으로 백색 또는 연한 크림색이며 폭이 좁고 빽빽하다. 대의 길이는 2~6㎝, 굵기는 0.2~0.4㎝ 정도이며, 기부와 부착된 부분이 조금 굵다. 포자 모양은 타원형이다.

발생시기 및 장소 ·

봄에서 가을까지 숲 속의 부식토 또는 낙엽에 무리지어 발생하며 낙엽부후성 버섯이다.

식용 가능 여부 · 식용버섯

분포 · 한국, 전 세계

참고 ·

낙엽을 분해하여 자연으로 환원시키는 역할을 한다.

금무당버섯

금무당버섯 *Russula aurea* Pers.

- **발생시기** 여름부터 가을
- **발생장소** 활엽수림, 침엽수림 내의 땅 위에 홀로 발생
- **분포지역** 한국, 일본, 중국, 유럽 등 북반구 일대

백색의 대

주름살 끝은 황색을 띤다.

갓 표면이 적황색을 띠고 점성이 있는 자실체

담자균문	Basidiomycota
주름버섯강	Agaricomycetes
무당버섯목	Russulales
무당버섯과	Russulaceae
무당버섯속	Russula

형태적 특징

금무당버섯의 갓은 지름이 4~8㎝ 정도로 처음에는 반구형이나 성장하면서 오목편평형이 된다. 갓 표면은 적황색 또는 연한 황색이나 습하면 점성이 나타난다. 조직은 백색이나 표피 밑은 황색이다. 주름살은 떨어진주름살형이며 빽빽하고, 처음에는 백색이나 성장하면서 연한 황색이 되며 주름살 끝은 황색이다. 대의 길이는 5~9㎝ 정도이며 처음에는 백색이나 성장하면서 연한 황록색이 된다. 포자문은 황토색이며, 포자 모양은 유구형이다.

발생시기 및 장소

여름부터 가을 사이에 활엽수림, 침엽수림 내의 땅 위에 홀로 발생한다.

식용 가능 여부

식용버섯

분포

한국, 일본, 중국, 유럽 등 북반구 일대

까치버섯

까치버섯 *Polyozellus multiplex* (Underw.) Murrill

- **발생시기** 가을
- **발생장소** 침엽수림, 활엽수림 또는 혼합림 내 땅 위
- **분포지역** 한국, 동아시아, 북아메리카

꽃양배추와 유사한 형태를 가진 자실체

송이와 같은 장소에서 발생한다.

담자균문	Basidiomycota
주름버섯강	Agaricomycetes
사마귀버섯목	Thelephorales
사마귀버섯과	Thelephoraceae
까치버섯속	Polyozellus

형태적 특징 · 까치버섯은 높이 5~15㎝, 너비 5~30㎝ 정도이며, 하부의 대는 하나이지만 분지하여 여러 개의 갓이 된다. 갓은 지름 5㎝ 정도로 꽃양배추 또는 잎새버섯 모양이며 두께가 얇고, 끝 부분은 파상형이다. 표면은 매끄럽고 흑청색 또는 남흑색을 띤다. 조직은 얇고 육질이나 약간 질기다. 자실층은 내린형이며 회백색 또는 회청색이고, 백색의 분질물로 덮여 있다. 대의 길이는 2~5㎝ 정도로 원통형이며, 갓과 경계가 불분명하고, 갓과 같은 색을 띠며 조직은 연하나 건조하면 단단해진다. 포자문은 백색이며, 포자 모양은 구형이다.

발생 시기 및 장소 · 가을에 침엽수림, 활엽수림 또는 혼합림 내 땅 위에 무리지어 나거나 홀로 발생한다.

식용 가능 여부 · 향기와 맛이 좋은 식용버섯이다.

분포 · 한국, 동아시아, 북아메리카

참고 · 강원도 일부 지역에서는 '먹버섯'이라고도 하고, 양양지역에서는 '고무버섯', '곰버섯'이라고도 한다. 해조류의 톳과 비슷한 향기가 나며, 쫄깃하고 씹는 맛이 좋다.

자실체를 만지거나 건조하면 검게 변한다.

꾀꼬리버섯

꾀꼬리버섯 *Cantharellus cibarius* Fr.

- **발생시기** 늦여름부터 가을
- **발생장소** 혼합림 내 땅 위
- **분포지역** 한국, 전세계

담자균문	Basidiomycota
주름버섯강	Agaricomycetes
꾀꼬리버섯목	Cantharellales
꾀꼬리버섯과	Cantharellaceae
꾀꼬리버섯속	Cantharellus

어린 자실체

자라면서 점차 나팔형으로 변한다.

갓은 난황색을 띤다.
대에 길게 내린 주름살

형태적 특징

꾀꼬리버섯의 크기는 3~10㎝ 정도로 갓의 지름은 3~8㎝ 정도이고, 나팔형이나 성장하면서 편평해진다. 표면은 난황색을 띠다가 성장하면서 연한 난황색을 띤다. 갓 둘레는 불규칙하게 굴곡이 지거나 갈라져 있다. 조직은 약간 두꺼우며 질기고, 연한 황색을 띤다. 주름살은 대에 길게 내린주름살형으로 약간 빽빽하며 황색이고, 주름살 사이에 연락맥이 있다. 대의 길이는 2~7㎝ 정도이며 원통형이다. 대의 굵기는 아래쪽이 다소 가늘며 편심형 또는 중심형이다. 대의 길이는 비교적 짧고 단단하며, 난황색을 띤다. 포자문은 담황색이고 포자 모양은 타원형이다.

발생시기 및 장소

늦여름부터 가을에 걸쳐 혼합림 내 땅 위에 무리지어 발생하고, 외생균근성 버섯이다.

식용 가능 여부

식용버섯

분포

한국, 전 세계

참고

맛과 향기가 좋아 유럽인들이 좋아하고, 프랑스에서는 고급요리에 이용한다.

냉이무당버섯

냉이무당버섯 *Russula mariae* Peck

- **발생시기** 여름에서 가을까지
- **발생장소** 활엽수림, 침엽수림 내 땅 위
- **분포지역** 한국, 일본

담자균문	Basidiomycota
주름버섯강	Agaricomycetes
무당버섯목	Russulales
무당버섯과	Russulaceae
무당버섯속	Russula

어린 자실체
선홍색의 갓
조직에서 냉이 냄새가 나는 버섯

형태적 특징

냉이무당버섯의 갓은 지름이 1~5㎝ 정도로 처음에는 반구형이나 성장하면서 중앙이 오목한 편평형 또는 깔때기형으로 된다. 갓 표면은 적색 혹은 선홍색이며 건조하면 광택이 없는 분질상의 얼룩이 있고, 습하면 점성이 있다. 주름살은 내린주름살형이며 빽빽하고, 초기에는 백색이나 점차 연한 황색이 된다. 대의 길이는 2~5㎝ 정도이며 표면은 갓과 같은 색이거나 다소 연한 색이다. 조직은 백색이고, 흙냄새나 냉이 냄새가 난다. 포자문은 백색이다.

발생시기 및 장소

여름에서 가을까지 활엽수림, 침엽수림 내 땅 위에 홀로 나거나 흩어져 발생하는 외생균근성 버섯이다.

식용 가능 여부

식용버섯

분포

한국, 일본

노란난버섯

노란난버섯 *Pluteus leoninus* (Schaeff.) P. Kumm.

- **발생시기** 봄부터 가을까지
- **발생장소** 활엽수의 고목, 썩은 나무 등에 발생
- **분포지역** 한국, 동아시아, 유럽, 북아메리카

담자균문	Basidiomycota
주름버섯강	Agaricomycetes
주름버섯목	Agaricales
난버섯과	Pluteaceae
난버섯속	Pluteus

어릴 때는 종형의 갓

자라면서 중앙볼록편평형이 된다.

참나무부후목에 발생

주름살은 떨어진주름살형으로 빽빽하다.

갈색의 인편이 있는 대의 표면

형태적 특징

노란난버섯의 갓은 지름이 3~6㎝ 정도로 처음에는 종형이나 성장하면서 중앙볼록편평형이 된다. 갓 표면은 밝은 황색이며 습할 때 가장자리 쪽으로 방사상의 선이 보인다. 주름살은 떨어진주름살형이며 빽빽하고, 처음에는 백색이나 성장하면서 연한 홍색이 된다. 대의 길이는 3~8㎝ 정도이며 백색이고, 위아래 굵기가 비슷하고 아래쪽에 연한 갈색의 섬유상 인편이 있다. 속은 처음에 차 있으나 성장하면서 빈다. 조직은 백색이다. 포자문은 연한 홍색이며, 포자 모양은 유구형이다.

발생시기 및 장소

봄부터 가을까지 활엽수의 고목, 썩은 나무 등에 무리지어 나거나 홀로 발생한다.

식용 가능 여부

식용버섯

분포

한국, 동아시아, 유럽, 북아메리카

참고

갓이 밝은 난황색 또는 황금색인 것도 있으며 잘 썩은 참나무류의 목재에서 발생하는 버섯이다.

노란달걀버섯

노란달걀버섯 *Amanita javanica* (Corner & Bas) T. Oda, C. Tanaka & Tsuda

- **발생시기** 여름부터 가을까지
- **발생장소** 활엽수림, 침엽수림, 혼합림 내 땅 위
- **분포지역** 한국, 일본, 동남아시아

식용

담자균문	Basidiomycota
주름버섯강	Agaricomycetes
주름버섯목	Agaricales
광대버섯과	Amanitaceae
광대버섯속	Amanita

백색의 외피막에 싸인 어린 자실체

외피막을 뚫고 나오는 자실체

어린 자실체

어린 자실체가 모여서 발생

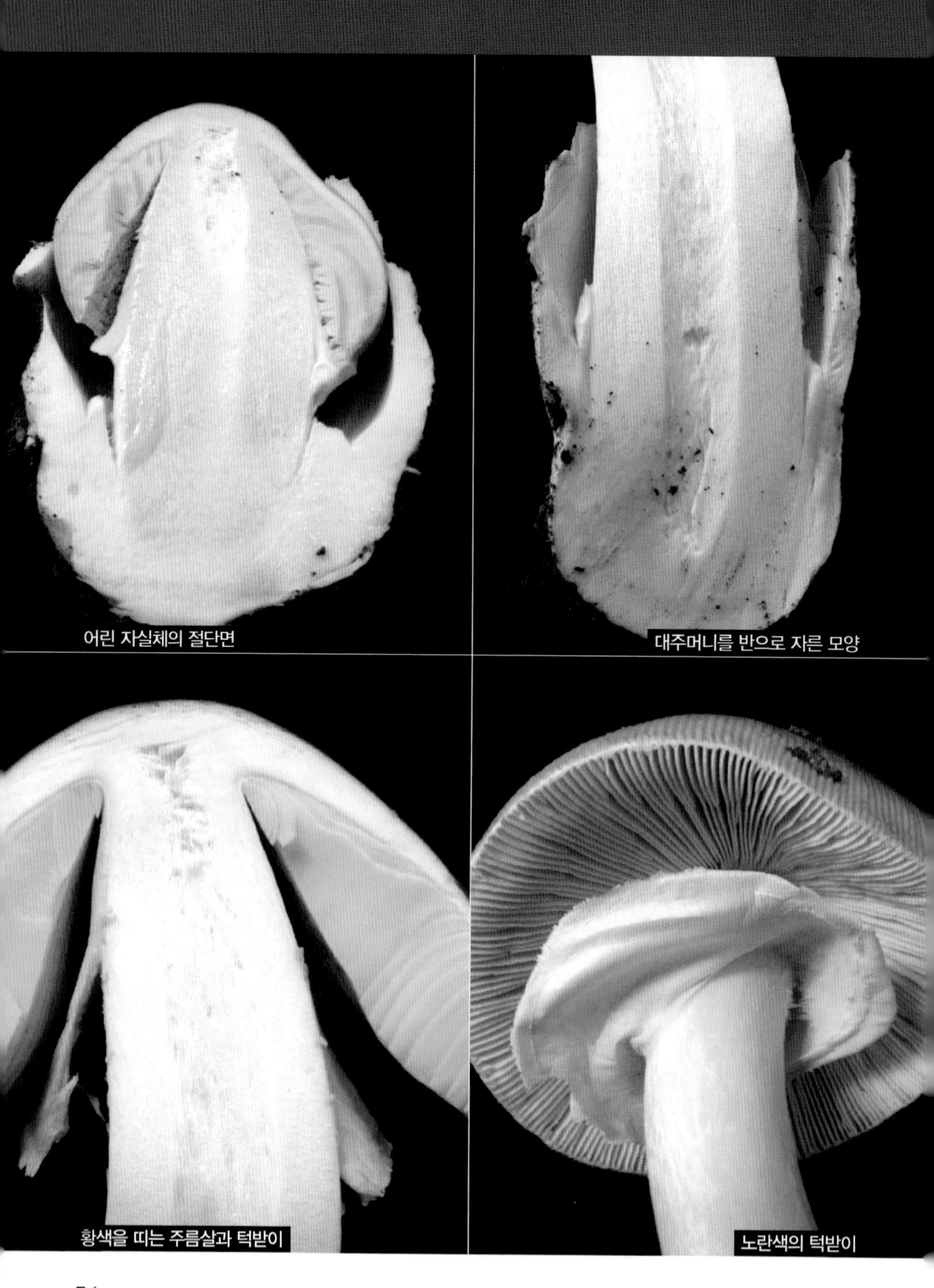
어린 자실체의 절단면
대주머니를 반으로 자른 모양
황색을 띠는 주름살과 턱받이
노란색의 턱받이

갓 가장자리에 방사상의 홈선이 있다.

대가 자라나는 어린 자실체

형태적 특징 • 노란달걀버섯의 어린 버섯은 알 모양의 두꺼운 백색 대주머니에 싸여 있으며, 성장하면 정단 부위의 외피막이 파열되어 갓과 대가 나타난다. 갓의 지름은 5~15㎝ 정도로 초기에는 반구형이나 성장하면서 편평하게 펴지나 중앙부위는 약간 돌출되어 있다. 표면은 황색이고, 갓 둘레는 다소 연한 색이며 방사상의 선이 있다. 습할 때는 다소 점성이 있다. 조직은 두꺼우며 백색이고, 표피 아래층은 황색을 띤다. 주름살은 떨어진주름살형이며 약간 빽빽하고, 연한 황색을 띠며 주름살 끝은 분질상이다. 대의 길이는 10~20㎝ 정도이며, 원통형으로 위쪽이 다소 가늘다. 표면은 뱀 껍질 모양의 옅은 황색 무늬가 있으며, 턱받이 상부에는 주름살의 흔적인 세로형의 홈선이 있다. 대 기부에는 막질형의 대주머니가 있다. 포자문은 백색이며, 포자 모양은 광타원형이다.

발생시기 및 장소 • 여름부터 가을까지 활엽수림, 침엽수림, 혼합림 내 땅 위에 홀로 또는 흩어져 발생한다.

식용 가능 여부 • 식용버섯

분포 • 한국, 일본, 동남아시아

참고 • 달걀버섯과비슷하나, 갓과 대의 색이 모두 노란색을 띤다. 경상도 지역에서는 자실체의 색깔 때문에 '꾀꼬리버섯'으로 부르고 있다. 맹독버섯인 개나리광대버섯과 형태적으로 유사하므로 미세구조를 확인하여 종 구분을 해야 하는 버섯이다.

노란망말뚝버섯

노란망말뚝버섯 *Phallus luteus* (Liou & L. Hwang) T. Kasuya

- **발생시기** 여름 장마철과 가을
- **발생장소** 혼합림 내의 땅 위
- **분포지역** 한국, 일본

머리는 종형이다.

머리에는 올리브색 포자가 있고 벌레를 유인하는 냄새를 풍긴다.

담자균문	Basidiomycota
주름버섯강	Agaricomycetes
말뚝버섯목	Phallales
말뚝버섯과	Phallaceae
말뚝버섯속	Phallus

형태적 특징 • 노란망말뚝버섯 어린 시기의 알은 난형 또는 구형으로 백색 또는 연한 자색을 띠며, 크기는 2~4㎝ 정도로 반지중생이다. 성숙하면 외피막의 정단 부위가 갈라지며 원통상의 대가 빠르게 신장된다. 대의 길이는 10~15㎝ 정도이고 속이 비어 있으며, 표면은 백색이며, 무수한 홈 반점이 있고 잘 부서진다. 머리의 크기는 3~4㎝로 종형이며, 표면은 백색 또는 연한 황색을 띠는 망목상이고, 점액화 된 진한 올리브갈색의 포자가 있어 악취가 난다. 머리의 정단부는 백색의 돌기가 있으며 속은 뚫려 대 기부까지 관통되어 있다. 머리 아래에는 노란색의 망사 모양(균망)이 빠르게 신장하여 2시간 이내에 대 기부까지 펼쳐진다. 기부에는 백색 또는 옅은 적자색의 두꺼운 대주머니가 있다. 포자 모양은 타원형이며, 황갈색이다.

발생시기 및 장소 • 여름 장마철과 가을에 혼합림 내의 땅 위에 무리지어 발생하거나 홀로 발생하기도 한다.

식용 가능 여부 • 식용, 약용버섯

분포 • 한국, 일본

참고 • 망태말뚝버섯은 외부 형태가 본 종과 매우 유사하지만 대나무에서 주로 발생하며 식용하고 있다.

대나무에서 주로 발생하는 망태말뚝버섯

노루궁뎅이

노루궁뎅이 *Hericium erinaceus* (Bull.) Pers.

- **발생시기** 여름에서 가을까지
- **발생장소** 활엽수의 줄기에 홀로 발생
- **분포지역** 한국, 북반구 온대 이북

식용

담자균문	Basidiomycota
주름버섯강	Agaricomycetes
무당버섯목	Russulales
노루궁뎅이과	Hericiaceae
산호침버섯속	Hericium

백색을 띤 포자는 수염 모양의 침에 형성

노숙하면 기주부착 부위가 황색으로 변한다.

노루궁뎅이(재배)

건조하면 단단해지는 수지상 돌기

활엽수에 홀로 발생하는 자실체

고슴도치와 비슷해 보인다.

형태적 특징

노루궁뎅이의 지름은 5~20㎝ 정도로 반구형이며, 주로 나무줄기에 매달려 있다. 윗면에는 짧은 털이 빽빽하게 나 있고, 전면에는 길이 1~5㎝의 무수한 침이 나 있어 고슴도치와 비슷해 보인다. 처음에는 백색이나 성장하면서 황색 또는 연한 황색으로 된다. 조직은 백색이고 스펀지상이며, 자실층은 침 표면에 있다. 쓴 맛이 강하다. 포자문은 백색이며 포자 모양은 유구형이다.

발생시기 및 장소

여름에서 가을까지 활엽수의 줄기에 홀로 발생하며, 부생생활을 한다.

식용가능 여부

식용, 약용, 항암버섯으로 이용하며, 농가에서 재배도 한다.

분포

한국, 북반구 온대 이북

참고

버섯 전체가 백색이고, 고슴도치처럼 생겼다.

느타리 *Pleurotus ostreatus* (Jacq.) P. Kumm.

- **발생시기** 늦가을에서 봄 사이
- **발생장소** 썩은 고목에 뭉쳐서 발생
- **분포지역** 한국, 전 세계

식용
담자균문 Basidiomycota
주름버섯강 Agaricomycetes
주름버섯목 Agaricales
느타리과 Pleurotaceae
느타리속 Pleurotus

가을에는 회청색을 띤다.

대는 편심생으로 기주에 부착한다.

백색 내린주름살을 가진 자실체

느타리(야생종)

느타리(재배)

깔때기형인 갓

평활한 주름살날

느타리(재배)

형태적 특징

느타리의 갓은 지름이 5~15㎝ 정도로 초기에는 둥근 산 모양이나 성장하면 조개껍데기 또는 반원형으로 되며, 종종 깔때기 모양으로 된다. 갓 표면은 매끄럽고 습기가 있으며, 색은 회색, 흑색, 회갈색 등 다양하다. 조직은 두껍고 탄력이 있으며, 백색이다. 주름살은 내린주름살형으로 백색 또는 회색이고, 약간 빽빽하다. 대의 길이는 1~4㎝ 정도이며, 측심형 또는 편심형이다. 표면은 백색이고, 대 기부에는 백색의 짧은 털 모양의 균사가 덮여 있다. 가끔 대가 없이 갓이 기주에 부착한 경우도 있다. 포자문은 백색 또는 연한 자회색이며, 포자 모양은 타원형이다.

발생시기 및 장소

늦가을에서 봄 사이에 썩은 고목에 뭉쳐서 발생하며 나무를 분해하는 부후균이다.

식용 가능 여부

식용할 수 있고 항암성분도 가지고 있다. 근래에는 재배사를 이용한 다양한 종류의 느타리가 재배되고 있으며, 농가 수입원으로 고소득을 올리는 버섯이다.

분포 · 한국, 전 세계

참고

북한명도 느타리이며, 서양에서는 굴버섯(Oyster mushroom)이라고 한다.

다발방패버섯

다발방패버섯 *Albatrellus confluens* (Alb. & Schwein.) Kotl. & Pouzar

- **발생시기** 가을
- **발생장소** 침엽수림 내 땅 위
- **분포지역** 한국, 동아시아, 유럽, 북아메리카

식용

담자균문	Basidiomycota
주름버섯강	Agaricomycetes
무당버섯목	Russulales
방패버섯과	Albatrellaceae
방패버섯속	Albatrellus

갓 끝은 불규칙한 파상형

자실층은 관공형이다.

대표면에 붉은색 물방울 형성

안쪽으로 말려 있는 갓 끝

파상형의 굴곡이 있는 갓 끝부분

편심형의 대

갓 표면에 미세한 털이 있는 자실체

형태적 특징 • 다발방패버섯은 높이 2~10㎝, 너비 5~15㎝ 정도이고, 모양은 구두칼 모양 또는 부채형이나 불규칙하게 파상으로 굴곡이 지거나 비뚤어져 있다. 갓 끝은 안쪽으로 말려 있으나 성장하면서 펴지고, 일반적으로 다수 중복되어 있다. 갓의 표면은 초기에 미세한 털이 있으나 점차 탈락되어 매끄럽고, 황백색이나 건조하면 황갈색 또는 적갈색이 된다. 갓 끝부분은 파상형의 굴곡이 있다. 조직은 백색으로 유연하나 건조하면 단단해지며, 분홍백색을 띤다. 상처가 나도 변색되지 않으며 맛은 약간 쓰거나 부드럽고, 냄새는 일반적인 버섯향이 난다. 자실층은 관공형이며, 관공의 길이는 0.1~0.2㎝ 정도로 대에 내린관공형이다. 관공구는 미세하며 원형 또는 유각형이고, 2~4개/㎜이고, 초기에는 백색이나 성장하면서 연한 황색 또는 황백색을 띤다. 대의 길이는 2~8㎝ 정도이며 원통형이고, 갓은 편심형 또는 약간 측심형이고, 기부에서 여러 개가 뭉쳐 있다. 표면은 매끄럽고 연한 황색이나 건조하면 갈색을 띤다. 포자문은 백색이며 포자 모양은 큰 타원형이다. **발생시기 및 장소** • 가을에 침엽수림 내 땅 위에 무리지어 발생한다. **분포** • 한국, 동아시아, 유럽, 북아메리카
참고 • 가을에 소나무림 내 지상에 발생한다. 전체가 황백색이고 갓 하면은 미세한 관공으로 되어 있으며 여러 개의 갓이 뭉쳐 집단으로 성장한다는 점이 특징적이다.

달걀버섯

달걀버섯 *Amanita hemibapha* (Berk. and Broome) Sacc.

- **발생시기** 여름부터 가을까지
- **발생장소** 활엽수림, 침엽수림, 혼합림 내 땅 위
- **분포지역** 한국, 중국, 일본, 스리랑카, 북아메리카

식용

담자균문	Basidiomycota
주름버섯강	Agaricomycetes
주름버섯목	Agaricales
광대버섯과	Amanitaceae
광대버섯속	Amanita

백색의 알

알에서 나온 어린 자실체

갓의 둘레에 방사상의 선이 있다.

빽빽한 떨어진주름살은 황색이다.

자라면서 편평하게 펴지는 갓

어린 자실체의 단면

백색 외피막에 싸인 자실체

외피막을 뚫고 나온 자실체

대부머니가 광대버섯 중에서 큰 편이다.

형태적 특징 ·

달걀버섯의 어린 버섯은 백색의 알에 싸여 있으며, 성장하면서 정단 부위의 외피막이 파열되어 갓과 대가 나타난다. 갓의 지름은 5~20㎝ 정도로 초기에는 반구형이나 성장하면서 편평하게 펴진다. 표면은 적색 또는 적황색이고, 둘레에 방사상의 선이 있다. 주름살은 떨어진주름살형이며 약간 빽빽하고, 황색이다. 대의 길이는 10~20㎝ 정도이며, 원통형으로 위쪽이 다소 가늘고 성장하면서 속이 빈다. 대의 표면은 황색 또는 적황색의 섬유상 인편이 있고, 대의 위쪽에는 등황색의 턱받이가 있으며 기부에는 두꺼운 백색 대주머니가 있다. 포자문은 백색이며 포자 모양은 광타원형이다.

발생시기 및 장소 ·

여름부터 가을까지 활엽수림, 침엽수림, 혼합림 내 땅 위에 홀로 나거나 흩어져서 발생하는 외생균근성 버섯이다.

식용 가능 여부 · 식용버섯

분포 ·

한국, 중국, 일본, 스리랑카, 북아메리카

참고 ·

고대 로마시대 네로 황제에게 달걀버섯을 진상하면 그 무게를 달아 같은 양의 황금을 하사했다는 기록이 있다.

대공그물버섯

대공그물버섯 *Boletus subtomentosus* L.

- **발생시기** 여름부터 가을까지
- **발생장소** 활엽수림, 침엽수림, 혼합림, 풀밭 내 땅 위
- **분포지역** 한국, 북반구 일대, 보르네오, 오스트레일리아

담자균문	Basidiomycota
주름버섯강	Agaricomycetes
그물버섯목	Boletales
그물버섯과	Boletaceae
그물버섯속	Boletus

평반구형이다가 성장하면서 편평하게 펴지는 갓

풀밭 내 땅 위에 홀로 또는 무리지어 발생

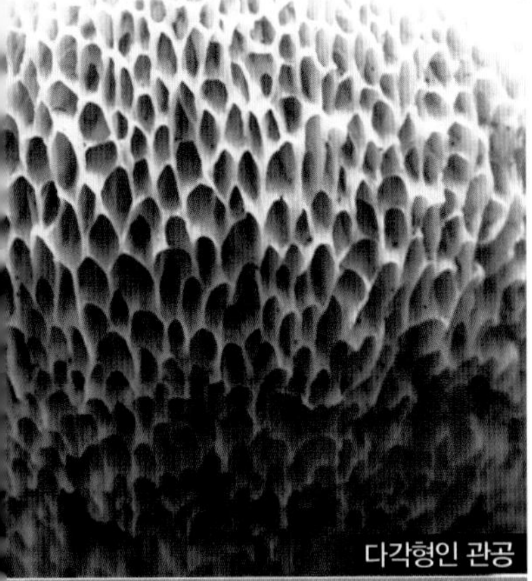
다각형인 관공

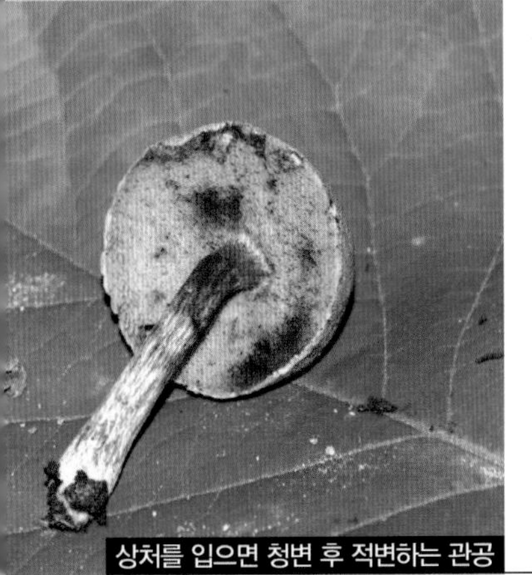
상처를 입으면 청변 후 적변하는 관공

형태적 특징

대공그물버섯의 갓은 지름이 5~10㎝ 정도로 초기에는 평반구형이나 성장하면서 편평하게 퍼진다. 표면은 매끄럽고 황록갈색 또는 회갈색이며, 종종 표피가 갈라져 연한 황색의 조직이 보인다. 관공은 완전붙은관공형으로 녹황갈색이나 상처가 나면 청색으로 변한다. 대의 길이는 5~10㎝ 정도로 위아래 굵기가 비슷하고, 표면은 황록갈색 또는 황갈색이며 세로로 줄이 있다. 포자문은 황록색이며 포자 모양은 타원형이다.

발생시기 및 장소

여름부터 가을까지 활엽수림, 침엽수림, 혼합림, 풀밭 내 땅 위에 홀로 또는 무리지어 발생한다.

식용 가능 여부

식용버섯

분포

한국, 북반구 일대, 보르네오, 오스트레일리아

참고

관공 부위에 상처를 주면 청색으로 변한다.

말뚝버섯

말뚝버섯 *Phallus impudicus* L.

- **발생시기** 여름부터 가을까지
- **발생장소** 산림 내 부식질이 많은 땅 위
- **분포지역** 한국, 전 세계

식용

담자균문	Basidiomycota
주름버섯강	Agaricomycetes
말뚝버섯목	Phallales
말뚝버섯과	Phallaceae
말뚝버섯속	Phallus

흑갈색의 점액에 둘러싸인 머리

백색의 알 속에 있는 자실체. 알의 형태는 두 달 정도 지속된다.

반으로 자르면 기본체와 올리브색 포자를 볼 수 있다.

머리 부분의 흑갈색 점액질에 포자가 있다.

백색 부분은 대를 형성한다.

백색의 알

형태적 특징

말뚝버섯의 자실체는 어릴 때 백색의 알 속에 싸여 있다. 어린 버섯의 크기는 4~5㎝ 정도로 알 모양이고, 반지중생이다. 어린 버섯을 위에서 아래로 잘라보면 머리의 둥근 부위와 대의 초기 형태가 있다. 머리 표면에는 흑갈색의 점액질인 기본체가 있으며, 연한 황색의 젤라틴층이 두껍게 싸여 있어 기본체를 보호하고, 기본체는 성장할 때 영양원으로 이용된다. 외부는 백색의 외피막으로 둘러싸여 있고, 기부에는 뿌리 모양의 균사속이 1개 이상 있으며, 백색이다. 버섯은 성숙하면 외피막의 정단 부위가 갈라지면서 원통형의 대가 위로 성장한다. 대 속은 비어 있으며 표면은 백색이고 잘 부서진다. 대의 정단 부위에는 연한 황색을 띠는 머리가 있는데 망목형이고, 그 속에 흑갈색의 점액인 기본체가 있고, 그 속에 포자를 형성한다. 점액인 기본체에서 심한 악취가 난다. 포자는 담황백색이며, 긴 타원형이다.

발생시기 및 장소

여름부터 가을까지 산림 내 부식질이 많은 땅 위에 홀로 나거나 무리지어 발생하며, 부생생활을 한다.

식용 가능 여부

식용, 약용버섯

분포

한국, 전 세계

말불버섯

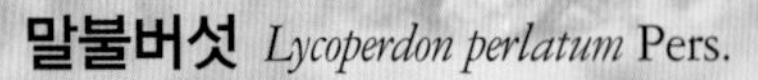

말불버섯 *Lycoperdon perlatum* Pers.

- **발생시기** 여름부터 가을까지
- **발생장소** 산림 내 부식질이 많은 땅 위
- **분포지역** 한국, 전 세계

식용

담자균문	Basidiomycota
주름버섯강	Agaricomycetes
주름버섯목	Agaricales
주름버섯과	Agaricaceae
말불버섯속	Lycoperdon

원추형의 자실체 안에 성숙한 포자가 있다.

만지면 쉽게 탈락되는 돌기

낙엽 부식층이나 유기물이 많은 토양에서 발생

중앙 부위는 다소 돌출되어 있는 자실체

백색에서 점차 황갈색으로 변한다.

어린 버섯은 자르면 백색을 띤다.

작은 피라미드형의 돌기가 부착되어 있다.

형태적 특징

말불버섯의 자실체는 지름이 2~6㎝ 정도, 높이는 3~6㎝ 정도이며, 원추형이다. 표면은 백색이나 차차 황갈색으로 변하고, 윗부분에는 흑갈색의 작은 피라미드형의 돌기가 무수히 부착되어 있고, 만지면 쉽게 떨어진다. 자실체의 측면과 아래쪽에는 종으로 난 주름이 있으며 흑갈색의 돌기가 있다. 버섯이 성장하면 정단 부위에 하나의 구멍이 생기는데, 그곳으로 포자가 분출된다. 포자는 갈색이며 구형이다.

발생시기 및 장소

여름부터 가을까지 산림 내 부식질이 많은 땅 위에 홀로 나거나 무리지어 발생하며, 부생생활을 한다.

식용 가능 여부

식용버섯

분포

한국, 전 세계

참고

좀말불버섯과 모양이 비슷하나, 좀말불버섯은 나무에서 발생하고 본 종은 낙엽부식층이나 유기물이 많은 토양에서 발생하는 것이 다르다.

말징버섯

말징버섯 *Calvatia craniiformis* (Schwein.) Fr.

- **발생시기** 여름부터 가을까지
- **발생장소** 낙엽 위나 부식질이 많은 땅 위
- **분포지역** 한국, 전 세계

담황갈색을 띠는 자실체 표면

황갈색으로 변한 자실체

부식질이 많은 토양에 무리지어 발생
다른 종보다 자실체가 크다.

얇은 황갈색의 내피막을 가진 자실체

내부의 조직은 초기에는 백색이다.

포자는 비나 바람에 의해
외피가 벗겨지면서 바람에 날린다.

형태적 특징

말징버섯의 자실체는 지름이 5~8㎝ 정도, 높이는 5~10㎝ 정도이고 구형이다. 외피막은 얇고 연한 황갈색 또는 황토색이며, 내피막은 얇고 황색 또는 연한 적색이다. 내부의 조직은 초기에는 백색이나 성장하면 황색의 카스테라와 같으며 포자가 형성되면 갈색으로 변하고 분질상이 된다. 표피는 낡은 스펀지 모양으로 된 조직을 노출시키고, 포자는 비나 바람에 의해 외피가 부서지면 밖으로 노출되어 바람에 날린다. 대는 3~5㎝ 정도이고, 기부 쪽이 가늘며 황갈색을 띤다. 포자는 연한 갈색이며 포자 모양은 구형이다.

발생시기 및 장소

여름부터 가을까지 낙엽 위나 부식질이 많은 땅 위에 홀로 나거나 무리지어 발생하며, 부생생활을 한다.

식용 가능 여부

어린 버섯은 식용하지만 성숙하면 조직이 모두 분질상의 포자로 변하므로 식용할 수 없게 된다.

분포

한국, 전 세계

참고

말불버섯과의 다른 종들보다 자실체가 크다는 특성이 있다.

명아주개떡버섯

명아주개떡버섯 *Tyromyces sambuceus* (Lloyd) Imazeki

- **발생시기** 봄부터 여름까지
- **발생장소** 활엽수의 고목에 발생
- **분포지역** 한국, 일본

식용

담자균문	Basidiomycota
주름버섯강	Agaricomycetes
구멍장이버섯목	Polyporales
구멍장이버섯과	Polyporaceae
개떡버섯속	Tyromyces

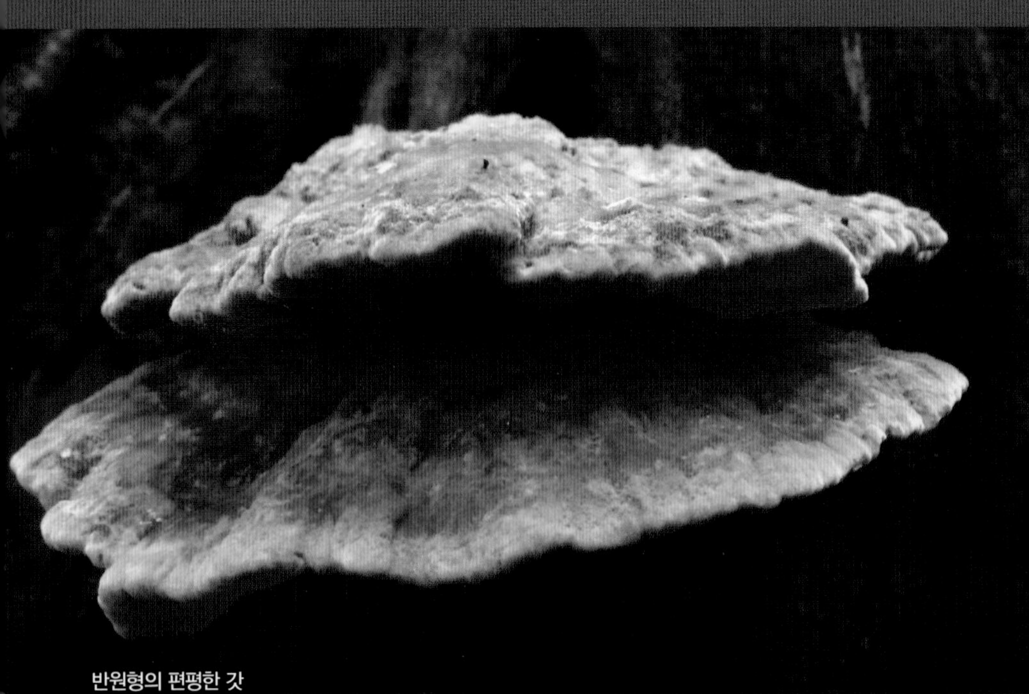
반원형의 편평한 갓

활엽수의 고목에서 발생한다

갓의 표면은 딱딱하고 대가 없다.

자실층은 관공형이고 관공구는 다각형이며 미세하다.

대는 없고 기주에 붙어서 생활

형태적 특징

명아주개떡버섯의 갓은 지름이 10~30㎝, 두께는 1~5㎝ 정도이며, 반원형 또는 편평형이다. 표면은 백색 또는 암갈색이고, 조직은 백색이며, 부드러운 가죽질이다. 대는 없고 기주에 붙어 생활한다. 관공은 0.2~1.5㎝ 정도이며 갓과 같은 색이고, 관공구는 0.1㎝ 이하로 부정형 또는 다각형이며, 미세하다. 포자문은 백색이고, 포자 모양은 타원형이다.

발생시기 및 장소

봄부터 여름까지 활엽수의 고목에 발생하며, 부생생활을 한다.

식용 가능 여부

어린 버섯은 식용 가능하다.

분포

한국, 일본

목이

목이 *Auricularia auricula-judae* (Bull.) Quél.

- **발생시기** 봄부터 가을 사이
- **발생장소** 활엽수의 고목, 죽은 가지
- **분포지역** 한국, 전 세계

식용

담자균문	Basidiomycota
주름버섯강	Agaricomycetes
목이목	Auriculariales
목이과	Auriculariaceae
목이속	Auricularia

밑에서 본 갓의 모양

고목에 무리지어 발생한다.

어린 자실체의 모습

자실층에는 불규칙한 간맥이 있다.

젤라틴질의 귀 모양의 자실체

갓은 홍갈색 또는 황갈색을 띤다.

형태적 특징 •

목이의 크기는 2~10㎝ 정도이고, 주발 모양 또는 귀 모양 등 다양하며 젤라틴질이다. 갓 윗면(비자실층)은 약간 주름져 있거나 파상형이며, 미세한 털이 있다. 색상은 홍갈색 또는 황갈색을 띠며, 노후 되면 거의 검은색으로 된다. 갓 아랫면(자실층)은 매끄럽거나 불규칙한 간맥이 있고, 황갈색 또는 갈색을 띤다. 조직은 습할 때 젤라틴질이며, 유연하고 탄력성이 있으나, 건조하면 수축하여 굳어지며 각질화된다. 자실체는 건조된 상태로 물속에 담그면 원상태로 되살아난다. 포자문은 백색이고, 포자 모양은 콩팥형이다.

발생시기 및 장소 •

봄부터 가을 사이에 활엽수의 고목, 죽은 가지에 무리지어 발생한다.

식용 가능 여부 • 식용버섯

분포 • 한국, 전 세계

참고 •

털목이와 유사하나 털목이는 갓 표면에 회백색의 거친 털이 있어 본 종과 구분된다. 목이는 '나무의 귀'라는 뜻이다.

밀꽃애기버섯

밀꽃애기버섯 *Gymnopus confluens* (Pers.) Antonín, Halling & Noordel.

- **발생시기** 여름에서 가을까지
- **발생장소** 혼합림 내 낙엽 위
- **분포지역** 한국, 북반구 일대, 아프리카, 유럽

대 표면에 면모상 털이 밀포되어 있다.

배꼽 모양으로 돌출된 갓

옅은 황갈색으로 퇴색되는 갓 표면

대 기부는 흑갈색을 띠고 편압되어 있다.

위아래 굵기가 비슷한 대

낙엽에 무리지어 발생하는 자실체

중앙 부분이 암색으로 주변보다 짙다.

형태적 특징

밀꽃애기버섯 갓의 지름은 0.8~3㎝ 정도이며, 초기에는 반반구형이나 성장하면서 편평형이 되고, 종종 끝이 위로 반전된다. 중앙 부위는 배꼽 모양으로 들어가거나 돌출되는 경우도 있다. 표면은 매끄러우며 적갈색으로 다소 주름져 있고, 성장하면서 옅은 황갈색 또는 거의 백색으로 퇴색된다. 이때 중앙 부분은 암색으로 주변보다 짙다. 주름살은 대에 끝붙은주름살형이며, 좁고 빽빽하며 분홍백색을 띤다. 대의 길이는 3~5㎝ 정도로 원통형이며, 위아래 굵기가 비슷하고, 종종 편압되어 있다. 속은 차 있으나 점차 빈다. 포자문은 백색 또는 옅은 황색이며, 포자 모양은 긴 타원형이다.

발생시기 및 장소

여름에서 가을까지 혼합림 내 낙엽 위에 무리지어 발생한다.

식용 가능 여부

식용 가능하며, 맛과 향이 부드럽다.

분포

한국, 북반구 일대, 아프리카, 유럽

참고

주름살이 좁고 빽빽하며, 대의 표면에 미세한 털이 밀포되어 있다.

배젖버섯

배젖버섯 *Lactarius volemus* (Fr.) Fr.

- **발생시기** 여름부터 가을까지
- **발생장소** 활엽수림의 땅 위
- **분포지역** 한국, 북반구 온대 이북

식용

담자균문	Basidiomycota
주름버섯강	Agaricomycetes
무당버섯목	Russulales
무당버섯과	Russulaceae
젖버섯속	Lactarius

빽빽한 내린주름살

반반구형의 갓 끝이 안쪽으로 굽어있다

자라면서 갓 끝이 펴져 깔때기 모양이 된다.

원통형의 대는 갓과 같은 색이다.

유액의 양은 많고 맛은 부드럽다.
우윳빛의 유액
백색의 주름살

형태적 특징

배젖버섯의 갓은 지름이 5~12㎝ 정도로 처음에는 반반구형이며 갓 끝이 안쪽으로 굽어 있으나 성장하면서 갓 끝이 펴지고 중앙이 들어간 깔때기 모양이 된다. 갓 표면은 매끄럽거나 가루 같은 것이 있으며, 황갈색을 띤다. 조직은 백색이며, 상처를 주면 백색의 유액이 나오고 후에 갈색으로 변한다. 주름살은 내린주름살형이며 다소 빽빽하고, 백색 또는 연한 황색이며, 상처를 주면 백색의 유액이 다량 분비되며 후에 갈색으로 변한다. 대의 길이는 3~10㎝ 정도이고 원통형으로 아래쪽이 가늘다. 유액의 맛은 자극적이지 않다. 대의 표면은 갓과 같은 색을 띤다. 포자문은 백색이고, 포자 모양은 구형이며 표면에 망목이 있다.

발생시기 및 장소

여름부터 가을까지 활엽수림의 땅 위에 홀로 또는 무리지어 발생하며 나무뿌리와 공생하는 균근성 버섯이다.

식용 가능 여부

식용버섯

분포

한국, 북반구 온대 이북

참고

북한명은 젖버섯이다.

버터철쭉버섯

버터철쭉버섯 *Rhodocollybia butyracea* (Bull.) Lennox

- **발생시기** 여름에서 가을까지
- **발생장소** 침엽수림이 많은 숲 속 낙엽 위에
- **분포지역** 한국, 북반구 일대

식용

담자균문	Basidiomycota
주름버섯강	Agaricomycetes
주름버섯목	Agaricales
화경버섯과	Omphalotaceae
철쭉버섯속	Rhodocollybia

중앙 부위가 약간 볼록한 갓

성장하면 갓 끝이 올라간다.

반전되는 갓

갓이 버터 표면과 같은 느낌을 준다.

반원형의 매끄러운 갓을 가진 자실체

매끄러운 갓 표면

대는 아래쪽으로 갈수록 굵다.

백색 포자를 가진 주름살

형태적 특징

버터철쭉버섯 갓의 지름은 3~6㎝ 정도이고, 초기에는 반반구형이고 끝은 안쪽으로 굽어 있으나 성장하면서 끝이 점차 편평하게 되고 중앙 부위는 약간 볼록하다. 표면은 매끄럽고 암적갈색 또는 연한 황토색을 띠며, 버터 표면과 같은 느낌을 준다. 조직은 얇고 유백색이나 갓 표피 하층은 연한 갈색을 띠며, 맛은 부드럽고 냄새는 불분명하다. 주름살은 대에 끝붙은주름살형이며 빽빽하고, 초기에는 백색이나 성장하면 적갈색의 얼룩이 생기며, 주름살 끝은 평활하다. 대의 길이는 2~7㎝, 굵기는 0.2~0.5㎝ 정도이며 기부와 부착된 부분이 약간 굵고 백색의 털이 나 있다. 포자문은 연한 황색이며 포자 모양은 타원형이다.

발생시기 및 장소

여름에서 가을까지 침엽수림이 많은 숲 속 낙엽 위에 무리지어 발생하는 낙엽분해성 버섯이다.

식용 가능 여부

식용버섯

분포

한국, 북반구 일대

참고

갓과 대의 색이 황갈색이고, 갓 표면은 버터와 같은 느낌을 주어 버터철쭉버섯이라 한다.

볏싸리버섯

볏싸리버섯 *Clavulina coralloides* (L.) J. Schröt.

- **발생시기** 여름부터 가을까지
- **발생장소** 혼합림 내 땅 위에 뭉쳐서 발생한다.
- **분포지역** 한국, 동남아시아, 온대지방

담자균문	Basidiomycota
주름버섯강	Agaricomycetes
꾀꼬리버섯목	Cantharellales
창싸리버섯과	Clavulinaceae
볏싸리버섯속	Clavulin

형태적 특징

볏싸리버섯은 높이 2~8㎝, 너비 3~7㎝ 정도이며 전체가 산호 모양이며, 분지가 많고, 분지 끝은 가늘게 갈라졌다. 자실층은 평활하고, 처음에는 전체가 백색이나 성장하면서 연한 황색 또는 연한 회갈색으로 변한다. 조직은 탄력이 있고, 백색이다. 포자문은 백색이며 포자 모양은 구형이다.

발생시기 및 장소

여름부터 가을까지 혼합림 내 땅 위에 뭉쳐서 발생한다.

식용 가능 여부

식용버섯

분포

한국, 동남아시아, 온대지방

빨간난버섯

빨간난버섯 *Pluteus aurantiorugosus* (Trog) Sacc.

- **발생시기** 여름부터 가을까지
- **발생장소** 참나무류의 썩은 목재에 흩어져 발생
- **분포지역** 한국, 일본, 유럽, 북반구 온대

참나무 부후목에 발생하는 자실체

습하면 방사상의 홈선이 나타난다.

황적색의 갓 표면

담자균문	Basidiomycota
주름버섯강	Agaricomycetes
주름버섯목	Agaricales
난버섯과	Pluteaceae
난버섯속	Pluteus

형태적 특징

빨간난버섯의 갓은 지름이 2~5㎝ 정도이며, 처음에는 종형이나 성장하면서 중앙볼록편평형이 된다. 갓 표면은 전체적으로 황적색을 띠며, 가운데 부분이 더 진한 색을 띠고 습할 때 가장자리 쪽으로 방사상의 선이 보인다. 주름살은 끝붙은주름살형이며 처음에는 백색이나 성장하면서 연한 황색이 된다. 대의 길이는 3~4㎝ 정도이며 백색이고, 위아래 굵기가 비슷하고, 위쪽으로 갈수록 연한 황색을 나타낸다. 속은 비어 있다. 포자문은 백색이며 포자 모양은 구형이다.

발생시기 및 장소

여름부터 가을까지 참나무류의 썩은 목재에 흩어져 발생하며, 부생생활을 한다.

식용 가능 여부

식용버섯

분포

한국, 일본, 유럽, 북반구 온대

참고

자실체의 색깔이 전체적으로 담홍색 또는 빨간색을 띠며, 참나무류에만 자생하는 특징이 있다.

뿔나팔버섯

뿔나팔버섯 *Craterellus cornucopioides* (L.) Pers.

- **발생시기** 여름부터 가을까지
- **발생장소** 혼합림 내 부식질이 많은 토양
- **분포지역** 한국, 전 세계

중심부의 구멍은 기부까지 뚫려 있다.

자실층은 회백색을 띤다.

주름상의 긴 내린형 자실층

파상형의 갓 끝

비듬상 인피가 덮여 있는 나팔꽃형의 자실체

형태적 특징

뿔나팔버섯 갓의 지름은 1~5㎝ 정도이고, 전체 길이는 5~10㎝ 정도로 나팔꽃형이다. 갓 표면은 흑갈색 또는 흑색이고, 비듬상의 인피가 덮여 있다. 갓 끝은 파도형이고, 조직은 얇고 질기다. 자실층은 기복이 심한 주름상이며 긴 내린형이고, 회색이다. 대의 길이는 3~4㎝ 정도이며 중심부는 기부까지 뚫려 있다. 표면은 회백색이다. 포자문은 백색이며 포자 모양은 타원형이다.

발생시기 및 장소

여름부터 가을까지 혼합림 내 부식질이 많은 토양에서 무리지어 나거나 홀로 발생한다.

식용 가능 여부

식용버섯

분포

한국, 전 세계

나팔꽃형의 자실체

갓 표면의 흑갈색 인피

시장에서 판매하는 뿔나팔버섯

색시졸각버섯

색시졸각버섯 *Laccaria vinaceoavellanea* Hongo

- **발생시기** 여름부터 가을까지
- **발생장소** 혼합림 내 땅 위
- **분포지역** 한국, 일본

식용

담자균문	Basidiomycota
주름버섯강	Agaricomycetes
주름버섯목	Agaricales
졸각버섯과	Hydnangiaceae
졸각버섯속	Laccaria

대는 비틀려 있고 섬유상 선이 있다.

혼합림 내 땅 위에 홀로 또는 무리지어 발생

주름살이 드물게 있는 자실체

성근 주름살

갓 표면의 두드러진 홈선
성숙하면 갓 끝이 올라가서 깔때기형을 이룬다.
드물고 넓은 주름살
건조하여 갓 끝이 변색

습할 때 반투명선이 있는 매끄러운 갓 표면

건변색 현상이 있는 갓

형태적 특징

색시졸각버섯의 갓은 지름이 3~8㎝ 정도로 처음에는 중앙오목반반구형이나 성장하면서 중앙오목편평형이 된다. 갓 표면은 매끄럽거나 종종 중앙 부위에 비듬상 인편이 있다. 습할 때 반투명선이 있고, 갓 주변에는 방사상의 주름선이 있으며, 옅은 황갈색이다. 조직은 얇고 탄력성이 있으며 옅은 살색을 띤다. 주름살은 대에 짧은내린주름살형으로 성글고, 갓과 같은 색을 띠며, 주름살 끝은 매끄럽다. 대의 길이는 4~9㎝ 정도이고 원통형이며, 위아래 굵기가 비슷하거나 아래쪽이 굵고, 종종 비틀려 있다. 대 표면은 건성이고, 세로로 섬유질의 선이 있고, 갓과 같은 살색을 띤다. 기부는 다소 유백색을 띠고, 탄력성이 있으며 속은 차 있다. 포자문은 백색이며, 포자 모양은 구형이다.

발생시기 및 장소

여름부터 가을까지 혼합림 내 땅 위에 홀로 또는 무리지어 발생한다.

식용 가능 여부 · 식용버섯

분포 · 한국, 일본

참고

졸각버섯과 유사하나, 버섯 크기가 크고 포자가 구형이라는 점이 다르다.

세발버섯

세발버섯 *Pseudocolus fusiformis* (E. Fisch.) Lloyd

- **발생시기** 봄부터 가을까지
- **발생장소** 산림 내 부식질이 많은 땅 위
- **분포지역** 한국, 전 세계

세발버섯(황색종)
세발버섯(백색종)
초기 자실체는 백색의 알 모양

담자균문	Basidiomycota
주름버섯강	Agaricomycetes
말뚝버섯목	Phallales
말뚝버섯과	Phallaceae
세발버섯속	Pseudocolus

형태적 특징

세발버섯의 자실체는 어릴 때 백색의 알 모양의 유균에서 생성된다. 알 속에 1개의 자실체가 성장하면서 3~4개의 가닥으로 나누어지며, 끝은 결합되어 있다. 성숙한 자실체의 갈라진 분지는 연한 황색 또는 주황색이고, 안쪽에는 갈색 또는 흑갈색의 점액질이 있다. 점액질에서는 심한 악취가 난다. 분지 아래쪽은 원통형으로 속이 비어 있으며, 백색이고, 상단의 분지보다 짧다. 대 기부에 백색의 대주머니가 있다. 포자는 현미경 하에서 무색이며, 긴 타원형이다.

발생시기 및 장소

봄부터 가을까지 산림 내 부식질이 많은 땅 위에 홀로 나거나 무리지어 발생하며, 부생생활을 한다.

식용 가능 여부

어린 알일 때 식용버섯

분포

한국, 전 세계

참고

유균은 난형이고, 기부에 대주머니가 있다.

송이

송이 *Tricholoma matsutake* (S. Ito. & S. Imai) Singer

- **발생시기** 가을(고도의 차이가 있으나 9~10월)
- **발생장소** 적송림 내 땅 위
- **분포지역** 한국, 중국, 일본

식용

담자균문	Basidiomycota
주름버섯강	Agaricomycetes
주름버섯목	Agaricales	
송이과	Tricholomataceae
송이속	Tricholoma

치밀한 홈주름살

섬유상 막질의 내피막에 싸인 갓

백색의 거미줄상의 턱받이

무리지어 발생한 자실체

백색 분질물이 있는 턱받이

어린 버섯은 주름살이 턱받이에 싸여 있다.
어린 자실체
구형인 갓

적갈색으로 갈라자는 외피

가장자리 안쪽으로 말린 갓

형태적 특징 • 송이의 갓은 지름이 5~25㎝ 정도로 초기에는 구형이고, 가장자리 안쪽으로 말려 있다. 또한 갓은 섬유상 막질의 내피막으로 싸여 있으나, 성장하면 갓 끝이 펴지며 편평한 모양이 되고 위로 올라간다. 갓 표면은 옅은 황색 바탕에 황갈색, 적갈색의 섬유상 인피 또는 누운 섬유상 인피가 있다.조직은 백색으로 육질형이고, 치밀하며 특유한 향기가 나고 맛이 좋다. 주름살은 대에 홈주름살이고, 약간 치밀하며 백색이나 성장하면서 갈색의 얼룩이 진다. 주름살 끝은 매끄럽다. 대의 길이는 5~15㎝ 정도이며 원통형으로 위아래 굵기가 비슷하다. 턱받이 위쪽은 백색이고 분질물이 있으며, 아래쪽은 갓과 같은 갈색 섬유상의 인피가 있다. 포자문은 무색이며포자 모양은 타원형이다. **발생시기 및 장소** • 가을(고도의 차이가 있으나 9~10월)에 토양 온도가 19~20℃ 이하로 내려가면 적송림 내 땅 위에 흩어져 나거나 무리지어 균환 형태를 띠며 소나무 뿌리에 외생균근균을 형성하여 공생한다. **식용 가능 여부** • 맛과 향이 뛰어난 고급 버섯으로 식용되며, 항암버섯으로 알려져 약용되기도 한다. 일본에 수출되는 고가의 버섯으로 농가 소득원이기도 하다. **분포** • 한국, 중국, 일본 **참고** • 북한명도 송이이며, 백두산에서 태백준령이 이르는 지역에서 발생된다. 잡목이 조금 있는 적송림에서 발생되며, 소나무 수령이 30~60년인 경우에 많이 발생된다.

싸리버섯

싸리버섯 *Ramaria botrytis* (Pers.) Ricken

- **발생시기** 여름부터 가을까지
- **발생장소** 활엽수림 내 땅 위
- **분포지역** 한국, 일본, 유럽, 북아메리카

담자균문	Basidiomycota
주름버섯강	Agaricomycetes
나팔버섯목	Gomphales
나팔버섯과	Gomphaceae
싸리버섯속	Ramaria

분지 끝은 2~3개로 갈라진다.
산호형의 분지가 많은 자실체

형태적 특징

싸리버섯은 높이가 5~20㎝, 너비가 5~20㎝ 정도의 산호형이다. 대의 굵기는 5㎝ 정도이며 위쪽으로 많은 분지가 되풀이된다. 대는 백색의 나무토막처럼 생겼으며 분지 끝은 연한 홍색이나 연한 자색을 띤다. 대 부위의 색은 백색이나 성장하면서 황토색으로 변한다. 조직은 백색이며 속이 차 있다. 포자문은 황토색이며 포자 모양은 긴 타원형이다.

발생시기 및 장소

여름부터 가을까지 활엽수림 내 땅 위에 뭉쳐서 발생한다.

식용 가능 여부

식용, 약용, 항암버섯으로 이용된다.

분포

한국, 일본, 유럽, 북아메리카

자주방망이 버섯아재비

자주방망이버섯아재비 *Lepista sordida* (Schumach.) Singer

- **발생시기** 여름부터 가을 사이
- **발생장소** 유기물이 많은 밭, 길가, 풀밭 등
- **분포지역** 한국, 북반구 일대

식용

담자균문	Basidiomycota
주름버섯강	Agaricomycetes
주름버섯목	Agaricales |
송이과	Tricholomataceae
자주방망이버섯속	Lepista

건변색 현상으로 건조하면 유백색이 된다.

자실층은 연한 자색을 띤다.

주름살은 성글다.

무리지어 발생한 자실체

대에 완전붙은주름살

안쪽으로 굽은 갓은
성장하면서 오목편평형이 된다

형태적 특징 ·

자주방망이버섯아재비의 갓은 지름이 3~10㎝ 정도로 처음에는 반반구형이고, 갓 끝이 안쪽으로 굽어 있으나 성장하면서 갓 끝이 펼쳐지면서 편평형 또는 가운데가 오목한 편평형이 된다. 갓 표면은 흡습성이고 성장 초기에는 자색 또는 연한 자색을 띠나, 건조하면 변색이 되어 유백색으로 퇴색된다. 조직은 비교적 얇고 잘 부서지며 연한 자색을 띤다. 주름살은 완전붙은주름살형 또는 내린주름살형으로 성장하면서 다르게 나타나며 성글고, 연한 자색을 띤다. 대의 길이는 3~7㎝ 정도이며 위아래 굵기가 비슷하고, 표면은 섬유상이고, 자색을 띤다. 포자문은 연한 자색이며 포자 모양은 타원형이다.

발생시기 및 장소 ·

여름부터 가을 사이에 유기물이 많은 밭, 길가, 풀밭 등에 홀로 또는 무리지어 발생한다.

식용 가능 여부 ·

식용버섯이며, 재배가 가능하다.

분포 ·

한국, 북반구 일대

참고 ·

민자주방망이버섯과 비슷하나, 갓이 투명하고 주름살이 성글다는 점에서 차이가 난다.

접시그물버섯

접시그물버섯 *Rugiboletus extremiorientalis* (Lj.N. Vassiljeva) G. Wu & Zhu L.Yang

- **발생시기** 여름부터 가을 사이
- **발생장소** 혼합림 내 땅 위
- **분포지역** 한국, 일본, 북아메리카

식용

담자균문	Basidiomycota
주름버섯강	Agaricomycetes
그물버섯목	Boletales
그물버섯과	Boletaceae
접시그물버섯속	Rugiboletus

관공은 황색을 띤다.

반구형의 갓을 가진 어린 자실체

황색의 반점이 보이는 대 표면

건조하거나 성숙하면 연황색의 조직이 보인다.

대의 표면은 황색의 반점이 보인다.

꽃잎형으로 갈라지는 갓가장자리

형태적 특징

접시그물버섯의 갓은 지름이 7~20㎝ 정도로 처음에는 반구형이나 성장하면서 편평형이 된다. 갓 표면은 황토색 또는 갈색이고 융단형의 털이 있으며 주름져 있다. 건조하거나 성숙하면 갈라져 연한 황색의 조직이 보이고, 습하면 약간 점성이 있다. 조직은 두껍고 치밀하며 백색 또는 황색이다. 관공은 끝붙은관공형이며 황색 또는 황록색이 되고, 관공구는 작은 원형이다. 대의 길이는 5~15㎝ 정도이며 아래쪽 또는 가운데가 굵고, 황색 바탕에 황갈색의 미세한 반점이 있다. 포자문은 황록갈색이며 포자 모양은 긴 방추형이다.

발생시기 및 장소

여름부터 가을 사이에 혼합림 내 땅 위에 홀로 또는 흩어져 발생하며, 외생균근성 버섯이다.

식용 가능 여부

식용버섯

분포

한국, 일본, 북아메리카

참고

대형의 버섯으로, 갓 표면이 갈라져 있어서 쉽게 확인할 수 있다.

족제비눈물버섯

족제비눈물버섯 *Psathyrella candolleana* (Fr.) Maire

- **발생시기** 봄부터 가을까지
- **발생장소** 숲, 정원, 공원, 활엽수 그루터기
- **분포지역** 한국, 전 세계

식용

담자균문	Basidiomycota
주름버섯강	Agaricomycetes
주름버섯목	Agaricales
눈물버섯과	Psathyrellaceae
눈물버섯속	Psathyrella

유구형의 어린 자실체와 성장하면서 편평하게 펴진 모습

어린 시기의 주름살은 회색을 띤다.

미세한 섬유상 인피

성장하면서 자흑색을 띤다.

유구형의 갓

내피막 잔유물이 갓 끝에 붙어 있다.
주름살은 자흑색을 띤다.
기부 쪽이 약간 굵은 대
섬유질 인피가 남은 어린 자실체

형태적 특징

족제비눈물버섯 갓의 지름은 2~8㎝ 정도로 초기에는 유구형이고 갓 끝은 안쪽으로 굽어 있으나 성장하면 편평하게 펴진다. 갓 끝에 내피막 잔유물이 부착되어 있으나 곧 소실된다. 표면은 담황색이고 어릴 때는 백색의 미세한 섬유질 인피가 있으나 성장하면서 소실된다. 조직은 얇고 잘 부서지며, 갓과 같은 색을 띠고 맛과 향기는 부드럽다. 주름살은 대에 완전붙은주름살형이고 빽빽하며, 초기에는 백색이나 성장하면서 점차 회색을 띠다가 자흑색이 된다. 대의 길이는 2~7㎝ 정도이며 기부 쪽이 약간 굵다. 대의 속은 비어 있어 약간의 힘을 주면 딱 소리가 나면서 부러진다. 포자문은 흑색이고 포자 모양은 타원형이다.

발생시기 및 장소

봄부터 가을까지 숲, 정원, 공원, 활엽수 그루터기등에 홀로 또는 무리지어 발생한다.

식용 가능 여부

식용버섯

분포

한국, 전 세계

졸각버섯

졸각버섯 Laccaria laccata (Scop.) Cooke

- **발생시기** 여름부터 가을 사이
- **발생장소** 숲 속, 길가 땅 위
- **분포지역** 한국, 북반구 온대 이북

식용

담자균문	Basidiomycota
주름버섯강	Agaricomycetes
주름버섯목	Agaricales
졸각버섯과	Hydnangiaceae
졸각버섯속	Laccaria

오목편평형의 성장한 갓

풀밭에 무리지어 발생하는 자실체

갓 끝이 물결 모양인 자실체

자라면서 갓이 편평해진다.

풀밭에 무리지어 발생하는 자실체
주름살은 성글며 끝붙은주름살형이다.
물결모양의 갓 가장자리

담적갈색을 띠는 주름살

무리지어 발생하는 자실체

형태적 특징

졸각버섯의 갓은 지름이 1~3㎝ 정도로 처음에는 반반구형이나 성장하면서 가운데 오목편평형이 된다. 갓 표면은 선홍색 또는 연한 붉은 갈색을 띠고, 가운데는 미세한 인편이 빽빽하게 분포되어 있다. 가장자리는 물결 모양이고, 주름이 있어서 부채 모양이 된다. 조직은 얇고 갓과 같은 색이다. 주름살은 끝붙은주름살형으로 성글며, 연한 적갈색을 띤다. 주름살 끝은 매끄럽다. 대의 길이는 2~5㎝ 정도로 섬유상이며 질기고, 갓과 같은 색이다. 포자문은 백색이며 포자 모양은 구형이다.

발생시기 및 장소

여름부터 가을 사이에 숲 속, 길가 땅 위에 무리지어 발생하고 외생균근성 버섯이다.

식용 가능 여부

식용버섯

분포

한국, 북반구 온대 이북

참고

색깔이 선명하고 주황색이어서 자주졸각버섯과 구별된다.

주름볏싸리버섯

주름볏싸리버섯 *Clavulina rugosa* (Bull.) J. Schröt.

- **발생시기** 여름부터 가을까지
- **발생장소** 활엽수림, 혼합수림 내 땅 위
- **분포지역** 한국, 전 세계

담자균문	Basidiomycota
주름버섯강	Agaricomycetes
꾀꼬리버섯목	Cantharellales
창싸리버섯과	Clavulinaceae
볏싸리버섯속	Clavulina

표면은 다소 뒤틀리기도 한다.

혼합림 내 지상에 무리지어 발생

형태적 특징

주름볏싸리버섯의 길이는 3~5㎝, 굵기는 0.2~0.3㎝ 정도이다. 볏싸리버섯과 유사해 보이나 본 종은 덩어리지지 않고 곤봉상이며, 종종 버섯 끝 부분이 분지되기도 한다. 버섯 전체가 백색 또는 유백색이거나 다소 자색이 돌며, 건조하면 버섯의 끝 부분이 황색으로 된다. 버섯의 표면은 다소 뒤틀리기도 하고, 얕은 세로 주름이 있다. 포자문은 백색이며 포자 모양은 타원형이다.

발생시기 및 장소

여름부터 가을까지 활엽수림, 혼합수림 내 땅 위에 무리지어 발생한다.

식용 가능 여부

식용버섯

분포

한국, 전 세계

참부채버섯

참부채버섯 *Panellus serotinus* (Schrad.) Kühner

- **발생시기** 여름부터 가을까지
- **발생장소** 활엽수의 고사목이나 그루터기
- **분포지역** 한국, 북반구 온대 이북

식용

담자균문	Basidiomycota
주름버섯강	Agaricomycetes
주름버섯목	Agaricales
애주름버섯과	Mycenaceae
부채버섯속	Panellus

활엽수 고사목에 다발로 발생

내린주름살을 가진 자실체

주름살은 황백색이며 포자는 백색이다.
황갈색 조개 모양의 갓
짧은 대에는 황갈색의 털이 있다.

형태적 특징 •

참부채버섯의 갓은 지름이 5~10㎝ 정도이며, 처음에는 조개 모양 또는 부채형이며 반반구형에 가장자리는 안쪽으로 말려 있다가 성장하면서 차차 펴지면서 반원형이 된다. 갓 표면은 점성이 있고 연한 갈색 또는 황갈색이며, 가는 털이 있고 표피는 잘 벗겨진다. 조직은 백색이며 질기고 단단하다. 주름살은 내린주름살형으로 빽빽하며 황백색이다. 대의 길이는 0.5~1㎝ 정도로 짧고 편심형이며, 표면에는 갈색의 짧은 털이 있다. 포자문은 백색이며 포자 모양은 원통형이다.

발생시기 및 장소 •

여름부터 가을까지 활엽수의 고사목이나 그루터기에 무리지어 발생하며 부생생활을 한다.

식용 가능 여부 • 식용버섯

분포 • 한국, 북반구 온대 이북

참고 •

독버섯인 달화경버섯과 형태가 유사하다. 그러나 달화경버섯은 잘랐을 때 조직에 검은 반점이 있으며 발생시기가 주로 여름이며, 본 종은 잘랐을 때 조직은 백색이며 발생시기가 늦가을이라는 점에서 차이가 난다.

찹쌀떡버섯

찹쌀떡버섯 *Bovista plumbea* Pers.

- **발생시기** 여름부터 가을까지
- **발생장소** 초원이나 공터 등
- **분포지역** 한국, 유럽, 북아프리카

식용

담자균문	Basidiomycota
주름버섯강	Agaricomycetes
주름버섯목	Agaricales
주름버섯과	Agaricaceae
찹쌀떡버섯속	Bovista

조직은 어릴 때 백색을 띤다.

노숙하면 연황색으로 변한다.

포자는 상단부의 소공으로 비산한다.

성숙한 포자는 올리브갈색을 띤다.

자실체 하부에는 뿌리 모양의 균사가 있다.

백색의 소돌기가 부착된 자실체

상단 부위에 생기는 소공

성숙하면 외피가 벗겨진다.

형태적 특징

찹쌀떡버섯의 지름은 1~4㎝로 구형이며, 표면은 백색이고 백색의 소돌기가 부착되어 있다. 성숙하면 연약한 외피가 벗겨지고 견고한 내피가 나타나며, 표면이 황토색으로 변하고 상단 부위에 하나의 소공이 생긴다. 하부 쪽은 뿌리 형태의 균사가 토양과 연결되어 있으며, 어떤 것은 종으로 주름살이 있는 것도 있다. 포자 모양은 꼬리가 있는 난형이며 연한 갈색이다.

발생시기 및 장소

여름부터 가을까지 초원이나 공터 등에 무리지어 발생한다.

식용 가능 여부

어린 버섯은 식용 가능하다.

분포

한국, 유럽, 북아프리카

큰갓버섯

큰갓버섯 *Macrolepiota procera* (Scop.) Singer

- **발생시기** 여름부터 가을까지
- **발생장소** 풀밭, 목장, 숲 속
- **분포지역** 한국, 전 세계

식용

담자균문	Basidiomycota
주름버섯강	Agaricomycetes
주름버섯목	Agaricales
주름버섯과	Agaricaceae
큰갓버섯속	Macrolepiota

갓이 구형인 어린자실체

자라면서 펴지는 갓

가동성 턱받이와 비어있는 대

백색의 주름살이며 포자도 백색이다.

반지형으로 상하로 움직이는 턱받이

형태적 특징 • 큰갓버섯의 갓은 지름이 5~30㎝ 정도이며 처음에는 구형이나 성장하면서 편평해진다. 갓 표면은 건성이고 연한 회갈색 또는 회갈색으로 표피가 갈라지면서 생긴 적갈색의 거친 섬유상의 인편이 동심원상으로 덮여 있다. 조직은 두껍고 만지면 스펀지처럼 들어가는 느낌이 있으며, 백색이다. 주름살은 떨어진주름살형로 빽빽하고, 백색이나 성장하면서 연한 황색의 흔적이 나타난다. 대는 15~30㎝ 정도로 길며 원통형이고, 속은 비어 있다. 표면은 갈색 또는 회갈색이며 성장하면서 표피가 갈라져 뱀 껍질 모양을 이룬다. 대를 찢으면 세로로 길게 섬유질처럼 찢어지며 기부는 구근상이다. 턱받이는 반지형으로 위아래로 움직일 수 있다. 포자문은 백색이며, 포자 모양은 타원형이다.

발생시기 및 장소 • 여름부터 가을까지 풀밭, 목장, 숲 속에 나며, 초식동물의 배설물이나 유기질이 많은 땅 위에 홀로 또는 흩어져 발생한다.

식용 가능 여부 • 식용버섯

분포 • 한국, 전 세계

참고 • 대의 상단부에 반지 모양의 턱받이가 있으며, 위아래로 움직일 수 있다. 제주도에서는 말똥이나 소똥 위에서 발생하기도 하여 '말똥버섯'이라 한다.

큰낙엽버섯 *Marasmius maximus* Hongo

- **발생시기** 봄부터 가을
- **발생장소** 숲 속 등 낙엽이 있는 곳
- **분포지역** 한국, 일본

종모양의 어린 자실체

자라면서 볼록편평형이 된다.

담자균문	Basidiomycota
주름버섯강	Agaricomycetes
주름버섯목	Agaricales
낙엽버섯과	Marasmiaceae
낙엽버섯속	Marasmius

형태적 특징

큰낙엽버섯 갓의 지름은 3~10㎝ 정도이고, 종 모양 또는 둥근 산 모양에서 가운데가 볼록한 편평한 모양이 된다. 표면에는 방사상의 줄무늬 홈선이 있고, 가운데 부분은 갈색인데 마르면 백색이 된다. 주름살은 올린주름살형 또는 끝붙은주름살형이고, 갓보다 연한 색이며 성기다. 대의 길이는 5~10㎝, 굵기는 0.2㎝ 내외이고, 위아래의 굵기가 같다. 대 표면은 섬유상이고, 위쪽에는 가루 같은 것이 부착되어 있다. 포자 모양은 타원형 또는 아몬드형이다.

발생시기 및 장소

봄부터 가을에 숲 속 등 낙엽이 있는 곳에 무리지어 발생하며, 낙엽부후성 버섯이다.

식용 가능 여부

식용버섯

분포

한국, 일본

참고

북한명은 큰가랑잎버섯이다.

대는 섬유상이고 반점이 부착되어 있다.

큰눈물버섯

큰눈물버섯 *Lacrymaria lacrymabunda* (Bull.) Pat.

- **발생시기** 여름부터 가을까지
- **발생장소** 혼합림 내 땅 위, 풀밭, 도로변
- **분포지역** 한국, 북반구

식용

담자균문	Basidiomycota
주름버섯강	Agaricomycetes
주름버섯목	Agaricales
눈물버섯과	Psathyrellaceae
큰눈물버섯속	Lacrymaria

어린 자실체의 모습
자라면서 펴진 갓

섬유상 인편으로 빽빽하게 밀포된 갓

거미줄형의 턱받이 흔적

무리지어 발생한 어린 자실체

포자가 낙하하면 갈측색을 띤다.

갓 끝에 내피막 흔적이 남아 있다.

턱받이는 거미줄상 흔적만 남기고 그 위에 검은색의 포자가 붙어 있다.

대에 완전붙은주름살

형태적 특징 •

큰눈물버섯 갓의 지름은 2~10㎝ 정도이며 초기에는 반구형으로 섬유상 막질의 내피막으로 싸여 있다. 성장하면 편평하게 펴지며 내피막 잔유물이 갓 끝에 있으나 곧 소실된다. 갓 표면은 황토색 또는 갈색이며, 섬유상의 인편이 빽빽이 퍼져 있다. 조직은 중앙 부분이 다소 두껍고 갓 가장자리는 얇다. 주름살은 완전붙은주름살형으로 다소 빽빽하고, 초기에는 연한 황색을 띠나 성장하면서 회갈색에서 흑색을 띤다. 대의 길이는 3~10㎝ 정도이며, 토양 표면과 붙어 있는 부분이 조금 굵고 속은 비어 있다. 대의 위쪽에 거미줄형의 턱받이 흔적이 있으며 검은색의 포자가 낙하하면 갈흑색을 띤다. 포자문은 흑갈색 또는 흑색이고, 포자 모양은 타원형이다.

발생시기 및 장소 •

여름부터 가을까지 혼합림 내 땅 위, 풀밭, 도로변에 무리지어 발생하거나 홀로 발생하기도 한다.

식용 가능 여부 • 식용버섯

분포 • 한국, 북반구

참고 •

눈물버섯에 속한 버섯류 중에서 포자의 표면에 돌기가 있는 유일한 종으로 분류학자들의 많은 의견이 있으나 Singer의 제안을 많이 따르고 있다.

털목이 *Auricularia nigricans* (Sw.) Birkebak, Looney & Sánchez-García

- **발생시기** 봄부터 가을 사이
- **발생장소** 활엽수의 고목, 그루터기, 죽은 가지
- **분포지역** 한국, 전 세계

식용

담자균문	Basidiomycota
주름버섯강	Agaricomycetes
목이목	Auriculariales	
목이과	Auriculariaceae
목이속	Auricularia

고목에 무리지어 발생

갓의 일부가 기주에 부착되어 있다.

귀모양의 자실체

노후하여 흑색으로 변한 자실체

회갈색의 거친 털로 덮여있다.

주발 모양, 귀 모양의 젤라틴의 자실체

형태적 특징 •

털목이의 크기는 2~8㎝ 정도로 주발 모양 또는 귀 모양 등 다양하며 젤라틴질이다. 갓 윗면(비자실층)은 가운데 또는 일부가 기주에 부착되어 있고, 약간 주름져 있거나 파상형이다. 표면은 회갈색의 거친 털로 덮여 있으며 갈색 또는 회갈색을 띠다가 노후되면 거의 흑색으로 변한다. 아랫면(자실층)은 매끄럽거나 불규칙한 간맥이 있고, 갈색 또는 흑갈색을 띤다. 조직은 습할 때는 젤라틴질로 유연하고 탄력성이 있으나, 건조하면 수축하여 굳어지며 각질화된다. 건조된 상태로 물속에 담그면 원상태로 되살아난다. 포자문은 백색이고 포자 모양은 콩팥형이다.

발생시기 및 장소 •

봄부터 가을 사이에 활엽수의 고목, 그루터기, 죽은 가지에 무리지어 발생한다.

식용 가능 여부 •

식용버섯

분포 •

한국, 전 세계

참고 •

목이와는 표면에 있는 털의 유무로 구분된다.

표고

표고 *Lentinula edodes* (Berk.) Pegler

- **발생시기** 봄부터 가을까지
- **발생장소** 참나무, 졸참나무 등 활엽수의 죽은 나무
- **분포지역** 한국, 일본, 중국, 동남아시아, 뉴질랜드

갓 표면에 갈색의 솜털 인편이 밀포

활엽수의 고목에 무리지어 발생

성장하면서 편평해지고 가장자리는 안쪽으로 말리는 갓

주름살은 황백색이며 가장자리는 톱니형이다.

대에는 갈색 인피가 있다.

어린버섯은 갓 가장자리에 솜털 인편이 많다.

형태적 특징

표고의 갓은 지름이 4~10㎝ 정도로 처음에는 반구형이나 성장하면서 편평해지고 가장자리는 안쪽으로 말린다. 갓 표면은 다갈색 또는 흑갈색이며 습기가 있고 갈라진다. 갓 가장자리에는 내피막 잔유물이 붙어 있거나 소실된다. 갓 표면에는 백색 또는 연한 갈색의 솜털 인편이 붙어 있다. 조직은 백색이며 강한 향기가 있다. 주름살은 끝붙은주름살형이며, 대의 위아래 굵기가 비슷하고 백색이다. 조직은 질기고 단단하다. 대의 위쪽에 턱받이가 있으나 갓이 성장하면 쉽게 소실된다. 대 표면의 턱받이 위쪽은 평활하고 백색이며 아래쪽은 인피가 있고, 백색 또는 연한 갈색이다. 포자문은 백색이며 포자 모양은 타원형이다.

발생시기 및 장소

봄부터 가을까지 참나무, 졸참나무 등 활엽수의 죽은 나무에 홀로 또는 무리지어 발생하며 나무를 분해하는 부후성 버섯이다.

식용 가능 여부 식용, 약용버섯

분포

한국, 일본, 중국, 동남아시아, 뉴질랜드

참고

북한명은 참나무버섯이다. 현재 농가에서 재배하고 있으며 원목재배나 블록재배를 많이 하고 있다.

황소비단 그물버섯

황소비단그물버섯 *Suillus bovinus* (Pers.) Roussel

- **발생시기** 여름부터 가을
- **발생장소** 소나무 숲 내 땅 위
- **분포지역** 한국, 아시아, 유럽, 북아메리카, 아프리카

식용

담자균문	Basidiomycota
주름버섯강	Agaricomycetes
그물버섯목	Boletales
비단그물버섯과	Suillaceae
비단그물버섯속	Suillus

황갈색의 갓표면은 습할 때 점성이 있다.

방사상으로 펼쳐진 관공

소나무 숲에서 발생한 자실체

내린관공형의 자실체

형태적 특징 •

황소비단그물버섯의 갓은 지름이 3~11㎝정도로 처음에는 반반구형이며, 갓 끝은 안쪽으로 굽어 있으나 성장하면서 편평하게 펴지고, 성숙한 후에는 갓 끝이 위를 향해 반전되기도 한다. 표면은 황갈색 또는 황토색을 띠며 습할 때는 점성이 있다. 조직은 두껍고 부드러우며 백색 또는 황백색을 띠고, 상처를 입어도 변색되지 않으나 건조하면 보라색을 띤다. 관공은 완전붙은관공형 또는 내린관공형이고, 황색을 띤다. 관공구는 크며 다각형이다. 대의 길이는 3~7㎝ 정도로 위아래 굵기가 비슷하거나 위쪽이 다소 가늘다. 대의 표면은 매끄럽고 황갈색이며 턱받이는 없다. 포자문은 황갈색이며 포자 모양은 방추형이다.

발생시기 및 장소 •

여름부터 가을에 소나무 숲 내 땅 위에 홀로 나거나 무리지어 흩어져 발생한다.

식용 가능 여부 • 식용버섯

분포 •

한국, 아시아, 유럽, 북아메리카, 아프리카

참고 •

갓 표면이 황갈색 또는 황토색이며 습할 때 점성이 있다. 송이처럼 소나무 뿌리와 균근을 형성한다. 큰마개버섯(Gomphidius roseus)과 함께 발생한다.

흰둘레그물버섯

흰둘레그물버섯 *Gyroporus castaneus* (Bull.) Quél.

- **발생시기** 여름부터 가을
- **발생장소** 활엽수림의 지상
- **분포지역** 한국, 동아시아, 유럽, 북아메리카, 오스트레일리아

식용

담자균문	Basidiomycota
주름버섯강	Agaricomycetes
그물버섯목	Boletales
둘레그물버섯과	Gyroporaceae
둘레그물버섯속	Gyroporus

갈색을 띤 융단상의 갓을 가진 자실체

갈색을 띠는 갓표면

다른 그물버섯에 비해 작은 자실체

담황색의 자실층

관공은 포자가 성장하면 연한 황색으로 변한다.

형태적 특징

흰둘레그물버섯 갓의 지름은 3~10㎝ 정로 초기에는 반구형이나 성장하면 편평한 모양이 되고, 가운데는 오목하게 된다. 표면은 벨벳같으며 밋밋하고, 갈색 또는 계피색이다. 가장자리는 주름의 줄무늬가 있다. 조직은 백색이며 단단하다. 관공은 길이가 0.4~0.8㎝ 정도로 초기에는 홈관공형이나 성장하면 대부분 떨어진관공형으로 된다. 관공구는 초기에 미세하고 백색이지만 성숙하면 원형 또는 유원형으로 변하며, 담황색을 띠고, 상처를 입어도 변색되지 않는다. 대의 길이는 5~7㎝ 정도로 갓과 같은 색이고, 위아래의 굵기가 비슷하고, 약간 울퉁불퉁하다. 맛은 부드럽거나 신맛이 나며 향기는 불분명하다. 포자문은 노란색이며 포자 모양은 타원형이다.

발생시기 및 장소

여름부터 가을 사이에 활엽수림의 지상에 홀로 발생하며, 외생균근성 버섯이다.

식용 가능 여부

식용버섯

분포

한국, 동아시아, 유럽, 북아메리카, 오스트레일리아

2 독버섯

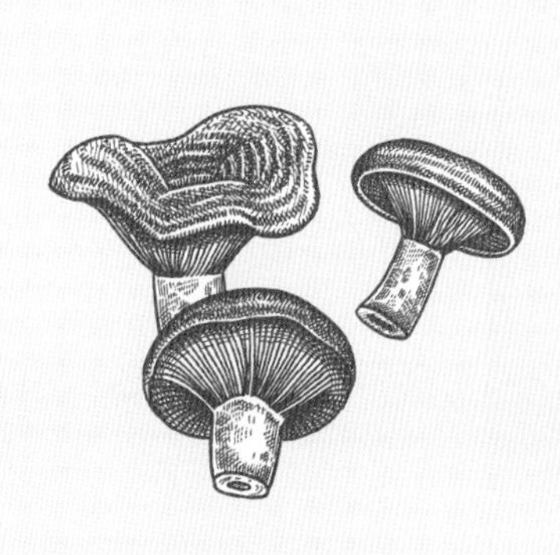

갈색고리 갓버섯

갈색고리갓버섯 *Lepiota cristata (Bolton)* P. Kumm.

- **발생시기** 여름과 가을
- **발생장소** 정원, 잔디밭이나 혼합림 내 습한 땅 위
- **분포지역** 한국, 전 세계

독

담자균문	Basidiomycota
주름버섯강	Agaricomycetes
주름버섯목	Agaricales
주름버섯과	Agaricaceae
갓버섯속	Lepiota

끝붙은 주름살은 빽빽하고 백색이다.
갓이 성장하면 갈색의 인편이 작은 조각으로 펼쳐진다.

막질의 턱받이는 쉽게 탈락한다.

갓 중심부가 연갈색을 띠는 자실체

형태적 특징

갈색고리갓버섯의 갓은 지름이 2~7㎝ 정도로 초기에는 종형이나 성장하면서 볼록편평하게 펴진다. 표면은 연한 갈색 또는 적갈색이며, 성장하면 중앙부 이외의 표피가 갈라져 작은 인피를 형성하여 백색 섬유상 바탕 위에 산재하게 된다. 조직은 백색 또는 적갈색이다. 주름살은 끝붙은주름살형으로 빽빽하고, 백색 또는 연한 황색이다. 대의 길이는 3~5㎝ 정도로 위아래 굵기가 비슷하고, 표면은 처음에는 백색이나 점차 연한 홍색으로 변한다. 턱받이는 막질이며 쉽게 탈락된다. 대의 속은 비어 있다. 포자문은 백색이며 포자 모양은 마름모꼴의 총알형이다.

발생시기 및 장소

여름과 가을에 정원, 잔디밭이나 혼합림 내 습한 땅 위에 홀로 또는 흩어져 발생하며 부생생활을 한다.

식용 가능 여부

독버섯

분포

한국, 전 세계

갈황색미치광이버섯

갈황색미치광이버섯 *Gymnopilus spectabilis* (Fr.) Singer

- **발생시기** 여름과 가을
- **발생장소** 활엽수 고사목의 그루터기 주위 또는 살아 있는 나무 뿌리의 주위
- **분포지역** 한국, 일본, 유럽 등 북반구 온대

갈색의 포자가 낙하되면서 황갈색을 띠는 턱받이

갓의 인피

활엽수 부후목에 다발로 발생한 자실체

무리지어 발생한 자실체

인피가 있는 대 표피

종형의 어린 버섯

형태적 특징 • 갈황색미치광이버섯의 갓은 지름이 3.8~13.7㎝로 원추형 또는 종형이나 성장하면 반반구형 또는 편평형이 된다. 건성이고 등황황색이나 등황갈색을 띠며, 초기에는 미세한 벨벳상이거나 평활하지만 성장하면 표면이 갈라져 가느다란 섬유질 인피를 형성한다. 갓 끝은 상당 기간 안쪽으로 말려 있으며, 종종 갓의 끝에 내피막의 잔유물인 담황색 또는 담황토색을 띤 섬유상 막질이 부착되어 있다. 조직은 유황색 또는 등황색이며 맛은 쓰다. 주름살은 홈주름살 또는 짧은내린주름살이며, 빽빽하고 황색을 띠나 성장하면 황갈색이나 밝은 적갈색을 띤다. 대의 길이는 5.5~14.5㎝로 하부 쪽은 굵으며 기부는 다시 가늘어져 방추형이다. 턱받이 상부는 옅은 황금색을 띠며 백색의 분질이 있고, 턱받이 아래쪽은 황토황색 또는 적갈색을 띠며 백색의 섬유질 인피가 있다. 턱받이는 막질이고 영존성이며 담황색을 띠다가 포자가 떨어지면 황갈색 또는 갈색을 띤다. 조직은 단단하고 섬유상 육질이며 옅은 황색을 띤다. 포자문은 담적갈황색이며 포자는 타원형이고, 표면에 작은 돌기와 포자반이 있다.

발생시기 및 장소 • 주로 경기도 광릉, 지리산 등지에서 여름과 가을에 활엽수 고사목의 그루터기 주위 또는 살아 있는 나무 뿌리의 주위에서 발견된다.

식용 가능 여부 • 독버섯

분포 • 한국, 일본, 유럽 등 북반구 온대

갓그물버섯

갓그물버섯 *Pulveroboletus ravenelii* (Berk. & M. A. Curtis) Murrill

- **발생시기** 여름부터 가을 사이
- **발생장소** 활엽수림, 침엽수림의 땅
- **분포지역** 한국, 일본, 중국, 홍콩, 싱가포르, 북아메리카

어린 자실체

대 상부에 턱받이 흔적이 있다.

갈색 인편이 있는 갓 표면

관공은 황색을 띠나 포자를 형성하면 흑갈색으로 변한다.

거미집 형태의 내피막

노란색의 분말 가루로 덮인 자실체

레몬색 거미집 모양의 내피막

형태적 특징

갓그물버섯의 갓은 지름이 3~10㎝ 정도로 둥근 산 모양에서 성장하면서 편평한 모양으로 변한다. 갓 표면은 조금 끈적거리며 노란색의 분말 가루로 덮여 있고, 가운데는 약간 갈색을 띤다. 조직은 백색 또는 황색이나 상처를 입으면 청색으로 변한다. 관공은 끝붙은관공형으로 황색에서 검은 갈색으로 변한다. 대의 길이는 3~10㎝ 정도이고, 속은 조직으로 차 있으며 표면은 노란색의 가루로 덮여 있다. 노란색의 거미집 막으로 덮였다가 대 위쪽에 턱받이만 남고 나중에 없어진다. 포자문은 황록색이며 포자 모양은 긴 방추형이다.

발생시기 및 장소

여름부터 가을 사이에 활엽수림, 침엽수림의 땅에 홀로 또는 흩어져 발생하며, 외생균근성 버섯이다.

식용 가능 여부

독버섯

분포

한국, 일본, 중국, 홍콩, 싱가포르, 북아메리카

참고

노란색의 막은 갓에서 대까지 덮여 있다가 갓에서 떨어진다.

개나리광대버섯

개나리광대버섯 *Amanita subjunquillea* S. Imai

- **발생시기** 여름과 가을
- **발생장소** 침엽수림 또는 활엽수림 내 땅 위
- **분포지역** 한국, 일본, 중국 동북부, 러시아 연해주

독

담자균문	Basidiomycota
주름버섯강	Agaricomycetes
주름버섯목	Agaricales
광대버섯과	Amanitaceae
광대버섯속	Amanita

백색의 주름살과 턱받이

대 기부에 있는 대주머니

성장하면서 갈라진 갓 끝

구근상의 기부가 있다.

형태적 특징

개나리광대버섯의 자실체는 초기에는 백색의 작은 난형(달걀 모양)이나 점차 윗부분이 갈라져 갓과 대가 나타난다. 갓은 3.4~7.8㎝로 원추상 난형 또는 원추상 반구형이나 성장하면 반반구형 또는 중고편평형으로 된다. 표면은 습할 때 다소 점성이 있고, 밝은 등황색, 황토색 또는 녹토황색을 띤다. 조직은 육질형이며 백색이다. 주름살은 떨어진 주름살이고 약간 빽빽하며, 백색이나 주름살날은 다소 분질상이다. 대는 5.4~11.5㎝로 원통형이며 기부는 구근상이다. 표면은 건성이고, 백색 또는 옅은 황색 바탕에 담갈황색의 섬유상 인피가 있다. 턱받이는 막질형으로 백색 또는 옅은 황색이다. 대주머니는 백색이나 옅은 갈색을 띠며 막질형이다. 포자문은 백색이고, 포자는 유구형 또는 구형이며 아밀로이드이다.

발생시기 및 장소

여름과 가을에 침엽수림 또는 활엽수림 내 지상에 흩어져서 혹은 홀로 발생하는 외생균근균이며, 전국적으로 발생한다.

자실체 발생 초기 원추상 난형의 갓

식용인 노란달걀버섯과 구별해야 한다.

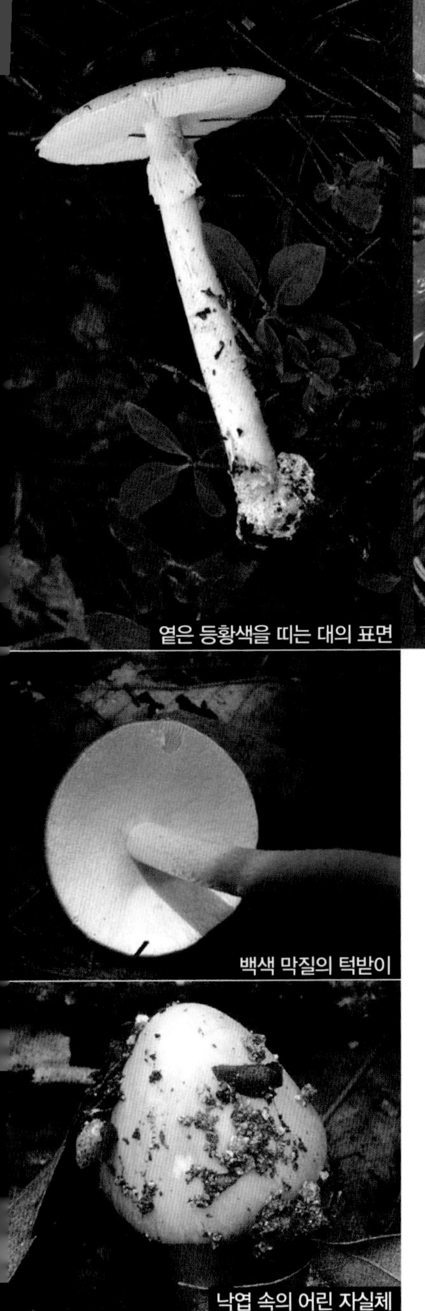
엷은 등황색을 띠는 대의 표면

백색 막질의 턱받이

낙엽 속의 어린 자실체

감별해야 할 식용버섯

노란달걀버섯과 구별해야 한다. 경북 지방의 일부 지역에서는 사람들이 노란달걀버섯을 '꾀꼬리버섯'으로 잘못 부르고 있다. 간혹 이 버섯과 형태적으로 매우 유사한 개나리광대버섯을 잘못 알고 먹어 중독사고가 발생하고 있으며, 생명을 잃기도 한다. 이 버섯에 의한 중독증상은 독우산광대버섯에 의한 중독증상과 매우 유사하다.

식용 가능 여부

독버섯(맹독성). 버섯 1~3개(약 50g)가 치명적인 용량의 아마톡신을 함유하고 있다.

분포 한국, 일본, 중국 동북부, 러시아 연해주

검은띠말똥버섯

검은띠말똥버섯 *Panaeolus subbalteatus* (Berk. & Broome) Sacc.

- **발생시기** 여름과 가을
- **발생장소** 목초지의 소나 말의 배변물에서 발생
- **분포지역** 한국, 전 세계

독

담자균문	Basidiomycota
주름버섯강	Agaricomycetes
주름버섯목	Agaricales
	Incertae sedis
말똥버섯속	Panaeolus

퇴비를 이고 올라오는 버섯

검은색 포자가 있는 주름살

검은색 띠가 있는 갓
담황토색의 갓 표면
목초지에 발생한 자실체
퇴비에 발생한 자실체

나팔형의 자실체

원통형의 가늘고 긴 대

형태적 특징 •

검은띠말똥버섯의 갓은 1.5~4.5㎝로 유구형이나 성장하면 반구형, 반반구형 또는 중고편평형이 된다. 표면은 습할 때 암적갈색을 띠나 건조하면 담황토색 또는 담황토갈색을 띠고, 평활하나 드물게는 갈라져 미세한 인피를 형성한다. 갓 끝은 주름살보다 신장된 갓 깃을 형성하지 않는다. 조직은 얇고 담황색을 띤다. 주름살은 완전붙은주름살이며 약간 빽빽하고, 회색 또는 회백색이나 점차 적갈색 또는 암갈흑색의 반점이 나타나고 전체가 흑색으로 변한다. 주름살날은 백색이고 분질상이다. 대는 4.5~8.5㎝로 원통형이며 가늘고 길다. 표면은 유백색 또는 옅은 적갈색을 띠며 백색의 분질물이 덮여 있다. 대 속은 비어 있고 연골질이다. 포자문은 흑갈색 또는 흑색이고, 포자 모양은 레몬형 또는 타원형이며, 분명한 발아공이 있고 포자벽은 두껍다.

발생시기 및 장소 • 여름과 가을에 목초지의 소나 말의 배설물에서 발생한다. 버섯의 포자가 풀잎에 붙어 있다가 초식동물(말이나 소 등)이 풀을 먹으면 초식동물의 장기를 통과하여 나오면서 포자 발아가 시작되기 때문이다. 발생장소는 말똥버섯과 거의 동일하나 발생 시기는 다소 늦다.

식용 가능 여부 • 독버섯

분포 • 한국, 전 세계

검은망그물버섯

검은망그물버섯 *Retiboletus nigerrimus* (R. Heim) Manfr. Binder & Bresinsky

- **발생시기** 여름과 가을
- **발생장소** 적송림과 참나무가 많은 지상
- **분포지역** 한국, 일본, 뉴기니아, 싱가포르, 보르네오

독
담자균문 Basidiomycota
주름버섯강 Agaricomycetes
그물버섯목 Boletales
그물버섯과 Boletaceae
망그물버섯속 Retiboletus
반구형의 갓
성숙하면 연분홍을 띠는 관공

어린 자실체
분홍갈색을 띤 관공
뚜렷한 망목이 있는 대
원통형의 대

만지거나 건조하면 검게 변한다.

건조하면 검게 변한다.

형태적 특징 • 검은망그물버섯의 갓은 5.5~13.5㎝로 반구형 또는 반반구형이고, 성장하면 편평하게 펴진다. 표면은 건성이고 올리브회색이다가 성장하면 흑색 또는 자흑색이 되며 평활하거나 미세한 털이 있다. 조직은 두껍고 육질형이며 담회백색 또는 담녹황색이나 상처를 입으면 흑색으로 변한다. 약간 쓴맛 또는 신맛이 난다. 관공은 대에 끝붙은관공형으로 점차 대 주위가 함입되어 떨어진관공형이 되고, 초기에는 담회황색 또는 녹회색을 띠다가 후에 등회색 또는 자회색으로 변하고 상처를 입으면 서서히 흑색으로 된다. 관공구는 유각형이고 관공과 같은 색을 띠며, 상처를 입으면 흑변한다. 대의 길이는 4.5~12㎝로 원통형이다. 전면에 현저한 돌기상 망목이 있으며 황록색 또는 회황색이고, 성장하면 기부에 올리브황색 또는 갈황색의 인피가 나타나며 상처를 입으면 흑색으로 된다. 포자문은 상아색 또는 베이지색이며, 포자는 유방추형이다.

발생시기 및 장소 • 여름과 가을에 적송림과 참나무가 많은 지상에 자생한다.

감별해야 할 식용버섯 • 흰굴뚝버섯과 구별해야 한다. 식용버섯인 흰굴뚝버섯은 송이가 발생되고 난 후 늦가을에 솔밭에서 발생되는 버섯이다. 검은망그물버섯보다 조직이 훨씬 촘촘하며 대가 짧다.

식용 가능 여부 • 독버섯이다. 갓은 아리고 쓴맛이 강하며, 대는 쓴맛이 있고 치즈향이 난다.

분포 • 한국, 일본, 뉴기니아, 싱가포르, 보르네오

고동색광대버섯

고동색광대버섯 *Amanita fulva* Fr.

- **발생시기** 여름부터 가을 사이
- **발생장소** 숲 속의 땅 위
- **분포지역** 한국, 동아시아, 유럽, 북아메리카, 북아프리카

독
담자균문 Basidiomycota
주름버섯강 Agaricomycetes
주름버섯목 Agaricales
광대버섯과 Amanitaceae
광대버섯속 Amanita
윤기가 있는 갓
갓 끝 부위에 방사사의 주름이 있다.
가장자리에 홈선이 있는 갓

종형의 어린 자실체

적갈색의 갓은 중앙부가 약간 짙은색을 띤다.

자라면서 차차 볼록편평형이 된다.

끝붙은주름살은 빽빽하며 백색이다.

형태적 특징

고동색광대버섯의 갓은 지름이 4~10㎝ 정도로 종 모양에서 차차 볼록편평형이 된다. 표면은 적갈색이며 가운데는 짙은 색을 띠고, 습기가 있을 때는 끈적거리며, 외피막의 파편이 붙어 있다. 갓 둘레는 뚜렷한 방사상 홈선이 있고, 조직은 백색이다. 주름살은 백색의 끝붙은주름살형으로 빽빽하다. 대의 길이는 5~15㎝ 정도로 위쪽이 약간 가늘고, 속이 비어 있다. 표면에는 때때로 연한 황갈색의 비단 모양 또는 솜털 모양의 인편이 있고, 기부에는 백색의 대주머니가 있다. 포자문은 백색이며, 포자 모양은 구형이다.

발생시기 및 장소

여름부터 가을 사이에 숲 속의 땅에 홀로 나거나 흩어져 발생하며, 외생균근성 버섯이다.

식용 가능 여부

독버섯

분포

한국, 동아시아, 유럽, 북아메리카, 북아프리카

금관버섯 *Baorangia pseudocalopus* (Hongo) G. Wu & Zhu L. Yang

- **발생시기** 주로 여름과 가을에
- **발생장소** 적송림과 참나무 혼합림 내 지상
- **분포지역** 한국, 일본

독
담자균문 Basidiomycota
주름버섯강 Agaricomycetes
그물버섯목 Boletales
그물버섯과 Boletaceae
금관버섯속 Baorangia
갓 표면이 건성인 자실체
조직은 두껍고 육질이다.

반구형의 어린 자실체

원통형의 대는 아래쪽이 굵다.

관공은 황색에서 갈색으로 변한다.

형태적 특징 ·

금관버섯의 갓은 4.5~16.5㎝로 반구형 또는 반반구형이고, 갓 끝은 안쪽으로 말려 있으나 성장하면 반반구형이거나 편평하게 펴진다. 표면은 건성이고 평활하거나 약간 면모상이며, 성장하면 종종 귀열상으로 갈라진다. 적갈색, 황갈색 또는 담적갈색, 담황적색을 띤다. 조직은 두껍고 육질이며 담황색이나 상처를 입으면 청색으로 변한 다음 시간이 경과하면 퇴색하여 회색으로 된다. 미성숙한 것은 거의 청변하지 않거나 담청색을 띤다. 성숙한 자실체는 치즈 냄새가 나며 약간 신맛이 난다. 관공은 대에 완전붙은관공형 또는 짧은내린관공형이며 황색, 호박색에서 점차 갈색으로 변하고, 상처를 입으면 녹청색으로 변한다. 관공구는 원형 또는 각형이고 관공과 같은 색이며, 색 변화도 같은 양상이다. 대의 길이는 4.5~12.3㎝로 원통형이나 하부 쪽이 굵고 곤봉형(기부 7.5㎝)이며, 표면은 상부에서 중반부까지 가느다란 망목이 있으며 황색을 띠고, 하부는 옅은 적색, 암적색 또는 암적갈색을 띠고, 상처를 입으면 청변한다. 포자문은 올리브갈색이며 포자는 유방추형이다.

발생시기 및 장소 ·

주로 여름과 가을에 적송림과 참나무 혼합림 내 지상에서 비교적 드물게 발견된다.

감별해야 할 식용버섯 ·

자실층이 관공으로 이루어진 식용버섯류인 비단그물버섯속과 그물버섯속의 버섯류

식용 가능 여부 ·

독버섯

분포 ·

한국, 일본

긴골광대버섯 아재비

긴골광대버섯아재비 *Amanita longistriata* S. Imai

- **발생시기** 여름과 가을
- **발생장소** 활엽수림, 침엽수림 또는 혼합림의 지상
- **분포지역** 한국, 일본 등

혼합림 내 자생하는 자실체

분홍색을 띠는 주름살

균륜을 이루기도 한다.

대의 표면은 섬유상 선이 있다.

갓 끝에 방사상의 선을 형성
외피막을 뚫고 나온 어린 자실체
작은 달걀형의 어린 자실체

형태적 특징 ∘
긴골광대버섯아재비의 자실체는 백색의 작은 달걀 모양이나 점차 상단 부위가 갈라져 갓과 대가 나타난다. 갓은 2.5~6.5㎝로 난형 또는 종형이나 성장하면 반반구형이 되거나 편평하게 펴진다. 표면은 평활하고 습할 때 다소 점성이 있으며 회갈색 또는 회색을 띠고 갓 주변부는 방사상으로 홈선이 있다. 조직은 비교적 얇고 백색이나 갓의 표피 하층은 회색을 띤다. 주름살은 떨어진주름살로 약간 성글며 백색이나 점차 분홍색을 띤다. 주름살날은 분질상이다. 대는 4.5~11㎝로 원통형이고 상부 쪽이 다소 가늘다. 표면은 평활하거나 종으로 섬유상 선이 있고 백색이다. 턱받이는 백색의 막질이다. 대주머니는 백색이고 얇은 막질이다. 포자문은 백색이고, 포자는 광타원형이며 비아밀로이드이다.

발생시기 및 장소 ∘ 여름과 가을에 활엽수림, 침엽수림 또는 혼합림의 지상에서 발견된다.

감별해야 할 식용버섯 ∘ 긴골광대버섯아재비는 우산버섯과 매우 유사하지만 주름살이 분홍색을 띠고, 대의 상부에 턱받이가 있다는 점이 다르다. 턱받이가 있다는 점에서 긴골광대버섯아재비는 턱받이광대버섯[*A. spreta* (Peck) Sacc.]과 매우 비슷하지만, 후자는 주름살이 백색이란 점에서 쉽게 구별된다.

식용 가능 여부 ∘ 독버섯

분포 ∘ 한국, 일본 등

깔때기버섯

깔때기버섯 *Clitocybe nebularis* (Batsch) P. Kumm.

- **발생시기** 여름에서 늦가을
- **발생장소** 주로 침엽수림 내 지상 또는 부식질이 많은 곳
- **분포지역** 북반구 일대

독
담자균문 Basidiomycota
주름버섯강 Agaricomycetes
주름버섯목 Agaricales
송이과 Tricholomataceae
깔때기버섯속 Clitocybe

균륜 형성
균륜을 이루면서 발생하는 형태

뒷면의 대에 짧게 내린주름살의 모양

편평한 갓 윗면

형태적 특징 • 깔때기버섯은 갓의 크기가 5.5~14㎝로 깔때기버섯류 중에서 매우 큰 편이다. 모양은 초기에 반반구형이고 갓 끝은 안쪽으로 말려 있으며, 성장하면 점차 편평하게 펴진다. 중앙 부위는 다소 함몰되거나 약간 돌출되어 있으며, 갓 끝은 위로 반전되기도 한다. 표면은 회색, 옅은 갈회색 또는 옅은 갈색을 띠며 습할 때는 약간 점성이 있고, 갓 끝 부위에 방사상의 섬유질이 드물게 나타난다. 조직은 비교적 두꺼우며 치밀하고 백색이다. 맛과 향기는 불분명하다. 주름살은 대에 짧은내린주름살이고 빽빽하며 옅은 황백색 또는 백황색을 띤다. 주름살날은 평활하다. 주름살은 갓 조직으로부터 분리가 잘 된다. 대의 길이는 4.2~8.3㎝로 대 하부쪽이 굵어져 곤봉형이 되거나 기부가 팽대해져 괴근형을 이룬다. 표면은 백색 또는 옅은 회색 바탕에 종으로 옅은 회갈색의 섬유질이 있으며, 대 기부에 백색 균사모가 있다. 속은 차 있거나 다소 비어있다. 포자문은 옅은 황색이며 포자는 타원형이고, 표면은 평활하며 비아밀로이드이다.

발생시기 및 장소 • 여름에서 늦가을에 주로 침엽수림 내 지상 또는 부식질이 많은 곳에 무리지어 나거나 드물게는 흩어져서 발생한다.

식용 가능 여부 • 준 독버섯이다. 식용으로 알려져 있지만 사람에 따라서는 소화불량을 일으키기도 하므로 주의가 필요한 버섯이다.

분포 • 북반구 일대

노란개암버섯 *Hypholoma fasciculare* (Huds.) P. Kumm.

- **발생시기** 봄에서 가을 사이
- **발생장소** 침엽수의 고사목이나 활엽수 고사목
- **분포지역** 한국, 전 세계

독

담자균문	Basidiomycota
주름버섯강	Agaricomycetes
주름버섯목	Agaricales
포도버섯과	Strophariaceae
개암버섯속	Hypholoma

유황색의 갓

황록색을 띤 성장한 자실체. 거미줄상의 턱받이 부분에 자갈색의 포자가 붙어 있다.

다발로 발생하는 자실체

위아래 굵기가 같은 대

형태적 특징

노란개암버섯의 갓은 2~4(8)㎝로 초기에는 원추형이나 점차 반반구형 또는 중고편평이 된다. 전체가 유황색 또는 황록색을 띤다. 주변부는 견사상 인편이 덮여 있으며, 초기에는 갓 끝이 안으로 말려 있고 종종 내피막의 일부가 갓 끝에 붙어 있다. 주름살은 완전붙은주름살이고 빽빽하며, 폭이 좁고 유황색 또는 녹황색이다. 대는 5~12㎝로 상하 굵기가 같으며, 유황색이나 점차 황갈색 또는 갈색이 된다. 내피막은 백색 또는 담황색의 섬유상이나 쉽게 소실되며, 포자가 낙하되면 암갈색의 내피막 흔적이 있다. 조직은 쓴맛이 난다. 포자문은 자갈색이며, 포자는 타원형이고, 발아공이 있다.

발생시기 및 장소

봄에서 가을 사이에 발생하며, 보통 침엽수의 고사목이나 활엽수 고사목에서 발견된다.

Tip

노란개암버섯은 이름이 변경된 버섯이다.
다발버섯 → **노란개암버섯**

전체가 유황색을 띤 자실체

쉽게 떨어지는 섬유상의 내피막

건조할 때는 갓 표면이 갈라지기도 한다.

식용인 개암버섯은 갓의 색이 적갈색이다.

반반구형의 갓

감별해야 할 식용버섯 ·

식용버섯인 개암버섯과 매우 유사하다. 개암버섯은 가을에 밤이 떨어질 때 밤나무 그루터기에 소수 무리지어 발생하는데, 갓의 색은 적갈색을 띠고 백색의 얇은 섬유상 인피가 피복되어 있으며 맛은 쓰지 않다는 점이 다르다. 노란개암버섯은 봄부터 가을까지 발생하며, 성장 초기에는 자실체 전체가 유황색이란 점과 조직을 씹으면 매우 쓰다는 점이 특징적이다.

식용 가능 여부 · 독버섯

분포 · 한국, 전 세계

노란젖버섯

노란젖버섯 *Lactarius chrysorrheus* Fr.

- **발생시기** 주로 가을
- **발생장소** 참나무나 소나무(적송)가 혼재한 산림의 지상
- **분포지역** 한국 등 북반구 온대

독

담자균문	Basidiomycota
주름버섯강	Agaricomycetes
무당버섯목	Russulales
무당버섯과	Russulaceae
젖버섯속	Lactarius

갓에 황토색톤의 동심원상 환문이 나타남

갓 표면에 점성이 있는 자실체

황변하는 유액과 평활한 주름살날

흰색의 유액이 나오는 식용버섯인 배젖버섯과 구분해야 한다.

형태적 특징 • 노란젖버섯의 갓은 3.2~8.5㎝로 반반구형 또는 중앙오목반구형이다. 갓 끝은 대에 부착되어 있으나 성장하면 갓 끝이 펴지며 편평형, 중앙오목편평형 또는 유깔때기형이 된다. 표면은 평활하고 습할 때 약간 점성이 있으며, 황토황색이나 연한 살색을 띠고 짙은 색의 동심원상 환문이 있다. 갓 표피층은 잘 벗겨지며, 표피 하층은 붉은색을 띤다. 조직은 거의 백색이나 자르면 황변하며, 유액은 백색이나 상처를 입어 공기와 접하면 황변하며 매운맛이 난다. 주름살은 떨어진주름살 또는 끝붙은주름살이며 약간 빽빽하고 백색이나 점차 담황색이 되며, 주름살날은 평활하다. 대의 길이는 2.4~9.5㎝로 원통형으로 상하 굵기가 비슷하다. 표면은 평활하거나 다소 주름 모양의 종선이 있으며, 갓보다 옅은 색이나 후에 짙은 색이 된다. 성장하면 대 속의 조직은 해면질화되거나 비어 있다. 포자문은 백색이며, 포자는 유구형 또는 난상 유구형이고, 표면에는 크고 작은 돌기와 미세한 망목이 있으며 아밀로이드이다.

발생시기 및 장소 • 주로 가을에 참나무나 소나무(적송)가 혼재한 산림의 지상에 소수 무리지어 발생한다.

감별해야 할 식용버섯 • 배젖버섯

분포 • 한국 등 북반구 온대

노랑싸리버섯

노랑싸리버섯 *Ramaria flava* (Schaeff.) Quél.

- **발생시기** 늦여름과 가을
- **발생장소** 활엽수림 또는 침엽수림의 지상
- **분포지역** 한국, 일본, 중국, 유럽

독

담자균문	Basidiomycota
주름버섯강	Agaricomycetes
나팔버섯목	Gomphales
나팔버섯과	Gomphaceae
싸리버섯속	Ramaria

형태적 특징 •

노랑싸리버섯의 자실체는 8.5~18.5㎝로 중형 또는 대형이다. 모양은 산호형이며, 자실체의 기부는 뭉툭하고 백색을 띠며 폭은 1~5.5㎝이다. 그 위에 다수의 분지가 형성되며 위쪽으로 반복하여 분지가 나타난다. 상부로 갈수록 분지는 가늘어지며, 분지 끝은 보통 2개의 분지로 갈라지고, 갈라진 형태는 U자형 또는 V자형이다. 대의 기부를 제외하고는 유황색 또는 레몬색이며, 분지 끝은 황색을 띠고 성숙 후에는 다소 퇴색하여 황토색을 띤다. 조직은 백색이며 육질형이고, 상처를 입거나 시간이 지나면 다소 적색을 띤다. 맛은 기부 쪽은 부드러우나 분지 끝은 약간 쓴맛이 있다. 포자문은 황색이며, 포자는 원통상 타원형 또는 긴 타원형이고, 사마귀상 돌기가 있고 종종 인접한 돌기가 결합되어 있다.

발생시기 및 장소 •

늦여름과 가을에 활엽수림 또는 침엽수림의 지상에 무리지어 발생한다.

감별해야 할 식용버섯 • 싸리버섯

식용 가능 여부 • 준독성이다.

U자 또는 V자로 갈라지는 분지

달화경버섯

달화경버섯 *Omphalotus japonicus* (Kawam.) Kirchm. & O.K. Mill.

- **발생시기** 여름과 가을
- **발생장소** 서어나무, 너도밤나무류
- **분포지역** 한국, 일본, 러시아 극동지방, 중국

독

담자균문	Basidiomycota
주름버섯강	Agaricomycetes
주름버섯목	Agaricales
화경버섯과	Omphalotaceae
화경버섯속	Omphalotus

밤에 나타나는 인광
고목에 무리지어 발생한다.
대기부에 있는 검은색 반점(느타리와 차이점)
대 기부에 있는 검은색 반점(느타리와 차이점)

죽은 나무에 무리지어 발생하는 자실체

식용버섯인 느타리

형태적 특징 • 달화경버섯의 갓은 6.7~22.5㎝로 어른 손바닥만 하며 조개형 또는 신장형이다. 표면은 황등갈색 · 자갈색 또는 암자갈색을 띠고 짙은 색의 인피가 있다. 주름살은 내린주름살이고 폭은 넓으며 약간 빽빽하고, 옅은 황색 또는 백색이다. 빛이 없는 밤에는 청백색의 인광이 난다. 대의 길이는 1.2~2.7㎝로 짧고 뭉툭하며 편심생이고, 돌출된 불완전한 턱받이가 있다. 조직은 두껍고 육질형이며, 백색이나 기부를 종으로 절단하면 암자색의 반점이 있다. 맛과 향기는 부드럽다. 포자문은 백색이고, 포자는 구형이다.

발생시기 및 장소 • 여름과 가을에 서어나무 · 너도밤나무류, 특히 서어나무의 고목에 무리지어 발생한다.

감별해야 할 식용버섯 • 달화경버섯은 외관상 느타리, 표고, 참부채버섯과 비슷하나, 밤이나 빛이 없는 어두운 곳에서 청백색의 인광이 나고, 대의 기부를 자르면 자흑색의 반점이 있다는 점이 특징이다.

식용 가능 여부 • 독버섯

분포 • 한국, 일본, 러시아 극동지방, 중국

독우산광대버섯

독우산광대버섯 *Amanita virosa* (Fr.) Bertill.

- **발생시기** 여름과 가을
- **발생장소** 잡목림 내 지상(특히 떡갈나무, 벚나무 부근)
- **분포지역** 북반구 일대, 오스트리아

독

담자균문	Basidiomycota
주름버섯강	Agaricomycetes
주름버섯목	Agaricales
광대버섯과	Amanitaceae
광대버섯속	Amanita

독우산광대버섯(좌)과 개나리광대버섯(우)의 주름살 및 갓 크기 비교

비탈광대버섯(독)

독우산광대버섯(맹독)

주름버섯(식용)

백색의 주름살과 턱받이

어린 자실체

형태적 특징 · 독우산광대버섯의 자실체는 초기에 백색의 작은 달걀 모양이나 정단 부위가 갈라져 갓과 대가 나타나고 전체가 백색이다. 갓은 5.6~14.5㎝로 초기에는 원추형 또는 종형이나 성장하면 반반구형, 편평형 또는 중앙볼록편평형이 된다. 표면은 평활하고 습할 때는 약간 점성이 있으며, 백색이나 중앙 부위는 종종 분홍색을 띤다. 조직은 얇고 육질형이며 백색이다. 생조직은 KOH(수산화칼륨) 용액에서 황색으로 변한다. 주름살은 떨어진주름살이며, 빽빽하고 백색이며, 주름살날은 분질상이다. 대는 8.5~21㎝로 원통형이고, 기부는 구근상이다. 표면은 백색이고, 턱받이 아래쪽은 손거스러미 모양의 섬유상 인피가 있다. 턱받이와 대주머니는 백색이고 막질이다. 포자문은 백색이고, 포자는 구형 또는 유구형이며 아밀로이드이다.

발생시기 및 장소 ·

전국적으로 분포하며 여름과 가을에 잡목림 내 지상(특히 떡갈나무, 벚나무 부근)에서 홀로 혹은 무리지어 발생한다.

KOH 용액에 갓 표면이 노랗게 변색

전체 모양

성숙한 자실체

노화된 버섯

전체 모양

식용인 큰갓버섯

감별해야 할 식용버섯 •

큰갓버섯, 유균 상태의 말불버섯, 흰달걀버섯 등 다른 식용버섯과의 감별이 매우 중요하다. 성장한 자실체는 외부 형태가 주름버섯속의 식용버섯과 비슷하고 어린 달걀 모양 시기(egg stage)에는 식용버섯인 말불버섯류와 유사하므로 특히 주의해야 한다. 큰갓버섯은 대 위에 위아래로 움직일 수 있는 턱받이(일명, 띠)가 있고, 대의 기부에 막질의 대주머니가 없다는 점이 다르다. 독우산광대버섯은 대 표면에 손거스러미 모양의 인편이 있으며, KOH 용액을 떨어뜨리면 노란색으로 변한다는 점이 특징이다.

식용 가능 여부 • 독버섯(맹독성)이다. 독우산광대버섯은 '죽음의 천사(destroying angel)'라고도 부르며, 우리나라에서 발생하는 광대버섯 중에서 독성이 가장 강한 맹독성 버섯이다. 버섯 1~3개(50g)가 치명적인 용량의 아마톡신을 함유하고 있다.

분포 • 북반구 일대, 오스트리아

독흰갈대버섯

독흰갈대버섯 *Chlorophyllum neomastoideum* (Hongo) Vellinga

- **발생시기** 가을
- **발생장소** 밤나무 조림지나 목장 혹은 혼합림의 지상
- **분포지역** 한국, 일본

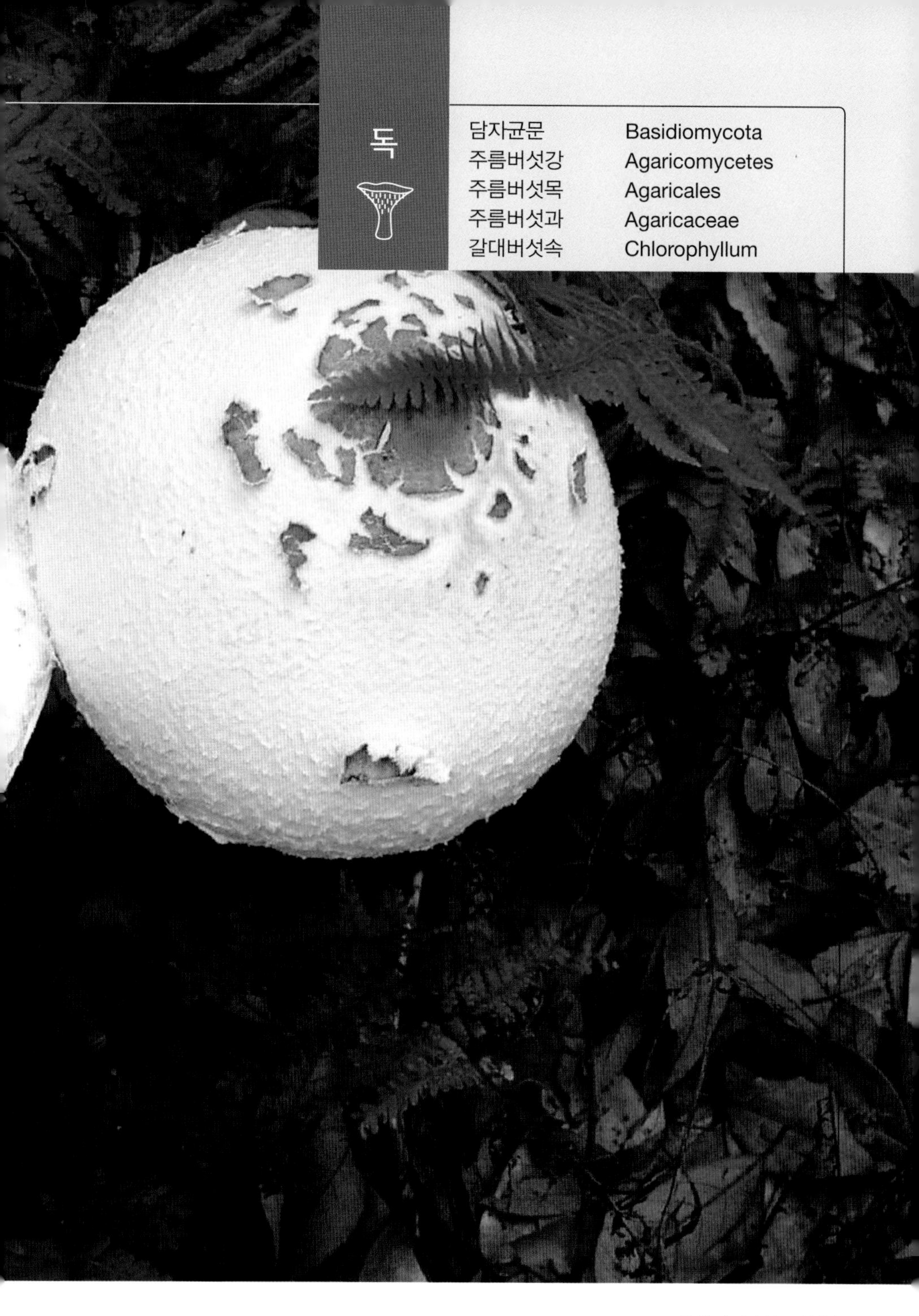

독

담자균문	Basidiomycota
주름버섯강	Agaricomycetes
주름버섯목	Agaricales
주름버섯과	Agaricaceae
갈대버섯속	Chlorophyllum

어린 자실체

떨어진주름살은 빽빽하고 백색이다.

갓이 갈라지기 전의 자실체

대의 속은 비어있다.

형태적 특징

독흰갈대버섯의 갓은 크기가 7.2~21㎝이고, 구형 또는 반구형이나 성장하면 반반구형 또는 중앙볼록편평형이 된다. 표면은 건성이고 백색이며 섬유질상이다. 중앙 부위에 담황갈색의 대형의 막질이 꽃잎 모양으로 갈라져 있고, 작은 인편이 소수 산재해 있다. 조직의 중앙 부위는 약간 두꺼우며 육질형이고, 백색이나 상처를 입으면 적색으로 변한다. 대 육질과 갓의 육질 사이에 분명한 경계가 없다. 주름살은 떨어진주름살이고 빽빽하며 백색이다. 주름살날은 분질상이다. 대의 길이는 11~16㎝로 원통형이고, 기부는 팽대하여 구근상(3㎝)이다. 표면은 건성이고, 초기에는 유백색이나 점차 갈색으로 변한다. 평활하거나 종으로 섬유질이 있다. 대의 속은 비어 있다. 턱받이는 반지형이며 가동성이다. 포자문은 백색이고, 포자는 난형 또는 타원형이며 아주 작은 발아공이 있다.

원통형이고 상하 굵기가 비슷한 대

팽대한 구근상의 기부

백색 갓 위에 펼쳐진 작은 인편

코스모스처럼 갈라진 모양

식용버섯인 큰갓버섯은 갓 중앙부위에 인피가 없다.

어린 버섯

발생시기 및 장소 • 가을에 밤나무 조림지나 목장 혹은 혼합림의 지상에서 발견된다.

감별해야 할 식용버섯 • 큰갓버섯과 구별이 필요하다. 식용버섯으로 유명한 큰갓버섯(M. procera)과 유사하지만, 큰갓버섯은 갓의 중앙 부위에 코스모스 형태의 담황갈색 대형 막질의 인피가 없다. 또한 큰갓버섯의 조직은 상처를 입어도 색이 변하지 않는다는 점에서 쉽게 구별된다.

식용 가능 여부 • 독버섯

분포 • 한국, 일본

땅비늘버섯

땅비늘버섯 *Pholiota terrestris* Overh.

- **발생시기** 봄부터 가을
- **발생장소** 산길, 잔디밭 등에 뭉쳐서 발생
- **분포지역** 한국, 일본, 북아메리카

독

담자균문	Basidiomycota
주름버섯강	Agaricomycetes
주름버섯목	Agaricales
포도버섯과	Strophariaceae
비늘버섯속	Pholiota

성장하여 갓이 편평하게 펼쳐진 모양

건조한 자실체

인편의 끝이 검정색으로 변한 성장한 갓과 대

중앙 부위가 볼록한 자실체의 갓

털받이 흔적이 있는 대 상부

황갈색의 포자문

갓 표면에 있는 잘 발달된 인피

형태적 특징

땅비늘버섯의 갓은 지름이 3~6㎝ 정도로 원추형에서 가운데가 볼록한 둥근 산 모양을 띠고 성장하면서 편평한 모양이 된다. 갓 표면은 연한 황색 또는 연한 갈색이고, 섬유상 진한 갈색의 인편이 많이 있으며, 갓 끝에는 내피막 일부가 붙어 있다. 조직은 연한 황색이고, 주름살은 완전붙은주름살형이며, 포자가 형성되면 갈색으로 변한다. 주름살에는 미세구조인 노란 시스티디아가 있다. 대의 길이는 3~7㎝ 정도로 위쪽은 백색이고, 아래쪽은 연한 황색 또는 연한 갈색이며, 섬유상 인편과 솜털 모양의 내피막 흔적이 있다. 포자문은 진한 갈색이며 포자 모양은 타원형이다.

발생시기 및 장소

봄부터 가을까지 산길, 잔디밭 등에 뭉쳐서 발생하며, 유기물이나 산림부산물을 분해하는 부후성 버섯이다.

식용 가능 여부

독버섯

분포

한국, 일본, 북아메리카

참고

설사, 구토 등의 증상으로 중독된 예가 있으므로 주의해야 된다.

마귀곰보버섯

마귀곰보버섯 *Gyromitra esculenta* (Pers.) Fr.

- **발생시기** 4월과 5월 초
- **발생장소** 침엽수 그루터기 주위, 톱밥 또는 나무 부스러기 주위
- **분포지역** 한국, 유럽, 북아메리카

독
자낭균문 Ascomycota
주발버섯강 Pezizomycetes
주발버섯목 Pezizales
원반버섯과 Discinaceae
마귀곰보버섯속 Gyromitra
뇌상으로 된 갓
현저한 홈선을 보이는 대

싱싱한 버섯(좌)과 오래되어 검게 변한 버섯(우)

대를 절단한 모양

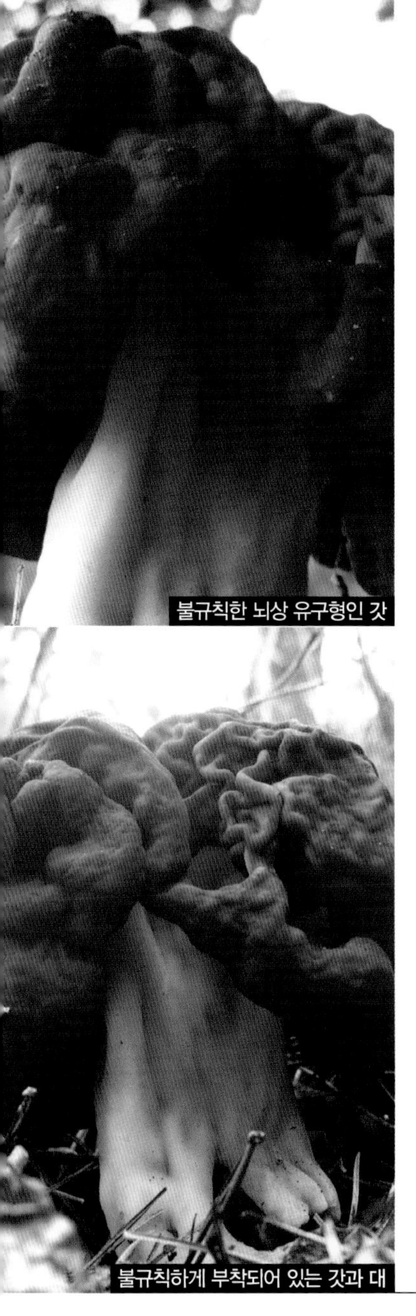
불규칙한 뇌상 유구형인 갓

불규칙하게 부착되어 있는 갓과 대

형태적 특징

마귀곰보버섯의 자실체는 4.5~12㎝로 갓은 불규칙한 뇌상 유구형이다. 표면은 평활하고 황갈색, 적갈색 또는 흑갈색이다. 대는 길이가 1.1~4㎝로 짧고 뭉툭하며 현저한 홈선 또는 챔버형이다. 표면은 백색이고 미세한 비듬상이며, 속은 비어 있다. 갓과 대는 불규칙하게 부착되어 있다. 조직은 잘 부서지며 맛과 향은 특별하지 않다. 포자는 타원형이고 평활하며, 포자 내부에 2개의 기름방울이 있다.

발생시기 및 장소

4월과 5월 초에 침엽수 그루터기 주위, 톱밥 또는 나무 부스러기 주위에서 흩어져서 또는 무리지어 발생한다. 국내에서는 매우 희귀한 종으로서 강원도에서 처음 발견되었다.

감별해야 할 식용버섯

곰보버섯과 유사하므로 감별이 필요하다.

식용 가능 여부

독버섯

분포

한국, 유럽, 북아메리카

마귀광대버섯

마귀광대버섯 *Amanita pantherina* (DC.) Krombh.

- **발생시기** 여름부터 가을까지
- **발생장소** 활엽수림, 침엽수림 내 지상
- **분포지역** 한국, 북반구 온대 이북, 아프리카

대주머니는 구근상이다.

갓에는 방사상 홈선이 나타난다.

구형인 어린자실체

자라면서 오목편평형이 된다.

대 위쪽의 턱받이

상부로 갈수록 가늘어지는 대

떨어진주름살은 백색이고 빽빽하다.

성장 후에는 턱받이가 대의 중심부에 위치하고 쉽게 떨어진다.

외피막의 흔적이 백색 인편으로 펼쳐진 자실체

형태적 특징 •

마귀광대버섯의 갓은 지름이 3~25㎝ 정도이며 초기에는 구형이나 성장하면서 편평형이 되었다가 후에 오목편평형이 된다. 갓 표면은 회갈색 또는 갈색이며, 사마귀 모양의 백색 외피막 파편이 산재하고, 습하면 점성이 있으며, 갓 둘레에는 종종 방사상의 홈선이 있다. 주름살은 떨어진주름살형이며, 다소 빽빽하고 백색이며, 주름살 끝은 약간 톱날형이다. 대의 길이는 5~20㎝ 정도로 백색이며, 위쪽에 턱받이가 있고, 턱받이 밑에는 섬유상의 인편이 있다. 기부는 팽대하여 구근상을 이루고 바로 위에는 외피막의 일부가 2~4개의 불완전한 띠를 이룬다. 포자문은 백색이며 포자 모양은 긴타원형이다.

발생시기 및 장소 •

여름부터 가을까지 활엽수림, 침엽수림 내 지상에 홀로 나거나 또는 흩어져 발생하며, 외생균근성 버섯이다.

식용 가능 여부 • 독버섯

분포 •

한국, 북반구 온대 이북, 아프리카

참고 •

이보테닉산-무시몰 독성이 있는 버섯으로 식용버섯인 붉은점박이광대버섯과 유사하므로 주의해야 한다.

맑은애주름버섯

맑은애주름버섯 *Mycena pura* (Pers.) P. Kumm.

- **발생시기** 봄부터 가을까지
- **발생장소** 활엽수림 또는 침엽수림 내 낙엽 위
- **분포지역** 한국, 전 세계

독

담자균문	Basidiomycota
주름버섯강	Agaricomycetes
주름버섯목	Agaricales
애주름버섯과	Mycenaceae
애주름버섯속	Mycena

습하면 점성을 띠기도 한다.

회백색 또는 연자색을 띠는 주름살

조직을 비벼서 냄새를 맡으면 생감자 냄새가 난다.

끝붙은 주름살의 모양

갓 표면의 방사상의 홈선

점차로 편평형이 되는 갓

형태적 특징 ∙

맑은애주름버섯의 갓은 지름이 2~5㎝ 정도로 처음에는 종형에서 반구형이나 성장하면서 편평형이 되며, 종종 중앙이 볼록하기도 하다. 갓 표면은 건성이나 습하면 다소 점성이 있고, 반투명의 선이 방사상으로 나타나며, 홍자색, 분홍보라색, 연한 보라색, 백색 등 다양한 색의 변화가 있다. 주름살은 끝붙은주름살형로 약간 빽빽하고, 회백색 또는 연한 자색이다. 대의 길이는 3~8㎝ 정도이며 속은 비어 있고, 표면은 평활하고 갓의 색과 같다. 대 기부에는 균사가 밀포되어 있다. 생감자 냄새가 난다. 포자문은 백색이며 포자 모양은 긴 타원형이다.

발생시기 및 장소 ∙

봄부터 가을까지 활엽수림 또는 침엽수림 내 낙엽 위에 홀로 또는 무리지어 발생한다.

식용 가능 여부 ∙

독버섯

분포 ∙

한국, 전 세계

참고 ∙

생감자 냄새가 나고, 독 성분인 무스카린을 함유하므로 주의해야 한다.

무당버섯

무당버섯 *Russula emetica* (Schaeff.) Pers.

- **발생시기** 여름에서 가을까지
- **발생장소** 혼합림 내 땅 위
- **분포지역** 한국, 유럽, 북아메리카, 북반구 온대 이북, 오스트레일리아

갓의 표피는 조직과 쉽게 분리된다.
조직은 백색이고 쉽게 부서진다.

주름살은 백색을 띠다가 연한 황색으로 변한다.

매운맛이 있다.

붉은색의 표피
습하면 점성이 있다.
습할 때 갓 끝 부위에 반투명선이 보이는 자실체

형태적 특징 ·

무당버섯의 갓은 지름이 3~10㎝ 정도로 어릴 때는 반구형이나 성장하면서 편평해지며, 포자를 퍼뜨릴 시기가 되면 갓의 끝 부위가 위로 올라간다. 갓 표면은 매끄럽고 선홍색이며, 습하면 점성이 있다. 가장자리에 줄무늬 선이 나타나고, 붉은색의 표피는 조직과 쉽게 분리된다. 조직은 백색이고 부서지기 쉬우며, 아주 매운맛이 있다. 주름살은 떨어진주름살형 또는 끝붙은주름살형으로 약간 빽빽하고, 처음에는 백색이나 성장하면서 연한 황색이 된다. 대의 길이는 2~10㎝ 정도이며, 백색이고, 세로의 줄무늬 선이 있다. 대의 속은 푸석푸석하고 부서지기 쉽다. 포자문은 백색이며 포자 모양은 유구형이다.

발생시기 및 장소 ·

여름에서 가을까지 혼합림 내 땅 위에 홀로 나거나 흩어져 발생하는 외생균근성 버섯이다.

식용 가능 여부 ·

독버섯이다. 매운 맛이 있어 식용이 불가능한 버섯이다.

분포 ·

한국, 유럽, 북아메리카, 북반구 온대 이북, 오스트레일리아

참고 ·

북한명은 붉은갓버섯이다. 무당버섯 중에 가장 흔한 버섯이다.

미치광이버섯

미치광이버섯 *Gymnopilus liquiritiae* (Pers.) P. Karst.

- **발생시기** 늦은 봄부터 가을까지
- **발생장소** 침엽수의 고사목이나 그루터기
- **분포지역** 한국, 북반구 온대 이북

독

담자균문	Basidiomycota
주름버섯강	Agaricomycetes
주름버섯목	Agaricales
턱받이버섯과	Hymenogastraceae
미치광이버섯속	Gymnopilus

어린 자실체의 갓 모양은 종형이다.

위아래 굵기가 비슷하고 표면이 섬유상인 대

종형을 보이는 어린 자실체의 갓

갓 표면이 매끄럽고 황갈색을 띠는 자실체

무리지어 발생하는 자실체

빽빽한 주름살을 가진 자실체

어린 자실체

건변색 현상이 있다.

성숙하면 갓 가장자리에 나타나는 선

형태적 특징 •

미치광이버섯의 갓은 지름이 1~4㎝ 정도이며, 처음에는 종형이나 성장하면서 반구형을 거쳐 편평형이 된다. 갓 표면은 매끄럽고 황갈색 또는 연한 갈색이며, 성숙하면 갓 가장자리에 선이 나타난다. 주름살은 완전붙은주름살형이며 빽빽하고, 처음에는 황색이나 성장하면서 황갈색이 된다. 대의 길이는 2~5㎝ 정도이며 위아래 굵기가 비슷하고, 표면은 섬유상이다. 대 위쪽은 황갈색이고 아래쪽으로 갈수록 갈색이 된다. 대의 속은 비어 있다. 포자문은 황갈색이며 포자 모양은 아몬드형이다.

발생시기 및 장소 •

늦은 봄부터 가을까지 침엽수의 고사목이나 그루터기에 무리지어 발생하며 목재부후성 버섯이다.

식용 가능 여부 •

독버섯

분포 •

한국, 북반구 온대 이북

뱀껍질광대버섯

뱀껍질광대버섯 *Amanita spissacea* S. Imai

- **발생시기** 여름과 가을
- **발생장소** 주로 침엽수림, 활엽수림 또는 혼합림의 지상
- **분포지역** 한국, 일본, 중국

독
담자균문 Basidiomycota
주름버섯강 Agaricomycetes
주름버섯목 Agaricales
광대버섯과 Amanitaceae
광대버섯속 Amanita
어린자실체
자라면서 펴진 갓

어린 자실체
반구형인 어린 자실체와 점차 편평형이 된 갓

갓끝에 부착된 내피막 잔유물

갓 표면의 각추상 분질돌기

형태적 특징 •

뱀껍질광대버섯의 갓은 4~12.5㎝로 초기에는 반구형 또는 반반구형이나 성장하면 편평형 또는 중앙오목편평형이 된다. 표면은 건성이고 갈회색 · 암회갈색 또는 암갈색 바탕에 암갈색혹은 흑갈색의 크고 작은 각추상 또는 사마귀상 분질돌기가 동심원상으로 산재되어 있다. 종종 갓 끝에 내피막 잔유물이 부착되어 있다. 조직은 두껍고 백색이며 육질형이다. 주름살은 떨어진주름살이며 약간 빽빽하고, 주름살날은 약간 분질상이다. 대의 길이는 5.5~16.5㎝로 원통형이고, 기부는 구근상(1.6~3.3㎝)이다. 표면은 백색이고, 턱받이 아래쪽은 회색 또는 회갈색의 섬유상의 인편이 있으며, 구근상 바로 위에 2~5개의 불완전한 흑갈색의 분질상 띠가 있다. 턱받이는 막질형이며 윗면에 방사상의 가는 홈선이 있고, 턱받이 가장자리는 흑갈색의 분질이 있다. 포자문은 백색이고, 포자 모양은 넓은 타원형 또는 유구형이며 아밀로이드이다.

발생시기 및 장소 •

여름과 가을에 주로 침엽수림, 활엽수림 또는 혼합림의 지상에서 소수 무리지어 발생한다.

식용 가능 여부 • 독버섯

분포 •

한국, 일본, 중국

붉은사슴뿔버섯

붉은사슴뿔버섯 *Podostroma cornu-damae* (Pat.) Boedijin

- **발생시기** 주로 여름과 가을
- **발생장소** 활엽수 또는 침엽수의 그루터기 위 또는 그루터기 주위
- **분포지역** 한국, 일본

독

자낭균문	Ascomycota
동충하초강	Sordariomycetes
동충하초목	Hypocreales
점버섯과	Hypocreaceae
사슴뿔버섯속	Podostroma

붉은색의 자실체

적등황색 또는 적색을 띰

사슴뿔 모양의 자실체

소나무 그루터기에 발생하는 뿔 모양의 자실체

자실체의 표면은 평활

백색의 조직

어린 자실체

형태적 특징

붉은사슴뿔버섯의 자실체는 원통형으로 종종 손가락 또는 뿔 모양의 분지를 형성하며, 정단부는 둥글거나 뾰족하다. 높이는 3.4~8.5㎝, 폭은 0.5~1.5㎝이다. 표면은 평활하며 다소 분질상이고 적등황색 또는 등황적색을 띤다. 조직은 백색이며 냄새는 불분명하고, 맛은 부드럽다. 자낭각은 완전매몰형, 자낭포자는 구형이고 불완전한 망목(높이 1~1.5㎛)이 있으며 갈색이다.

발생시기 및 장소

주로 여름과 가을에 활엽수 또는 침엽수의 그루터기 위 또는 그루터기 주위에 발생하며, 국내에서는 비교적 드물게 발생한다.

감별해야 할 식용버섯

불로초(영지)의 갓이 형성되기 전인 어린 버섯과 유사하여 조심해야 된다. 마르면 영지와 같은 갈색으로 변한다. 소량으로 사망에 이르게 하는 독성분(트리코테센)을 함유하고 있어 주의를 요한다.

식용 가능 여부

독버섯

분포

한국, 일본

붉은싸리버섯

붉은싸리버섯 *Ramaria formosa* (Pers.) Quél.

- **발생시기** 늦은 여름과 가을
- **발생장소** 활엽수림의 지상
- **분포지역** 전 세계

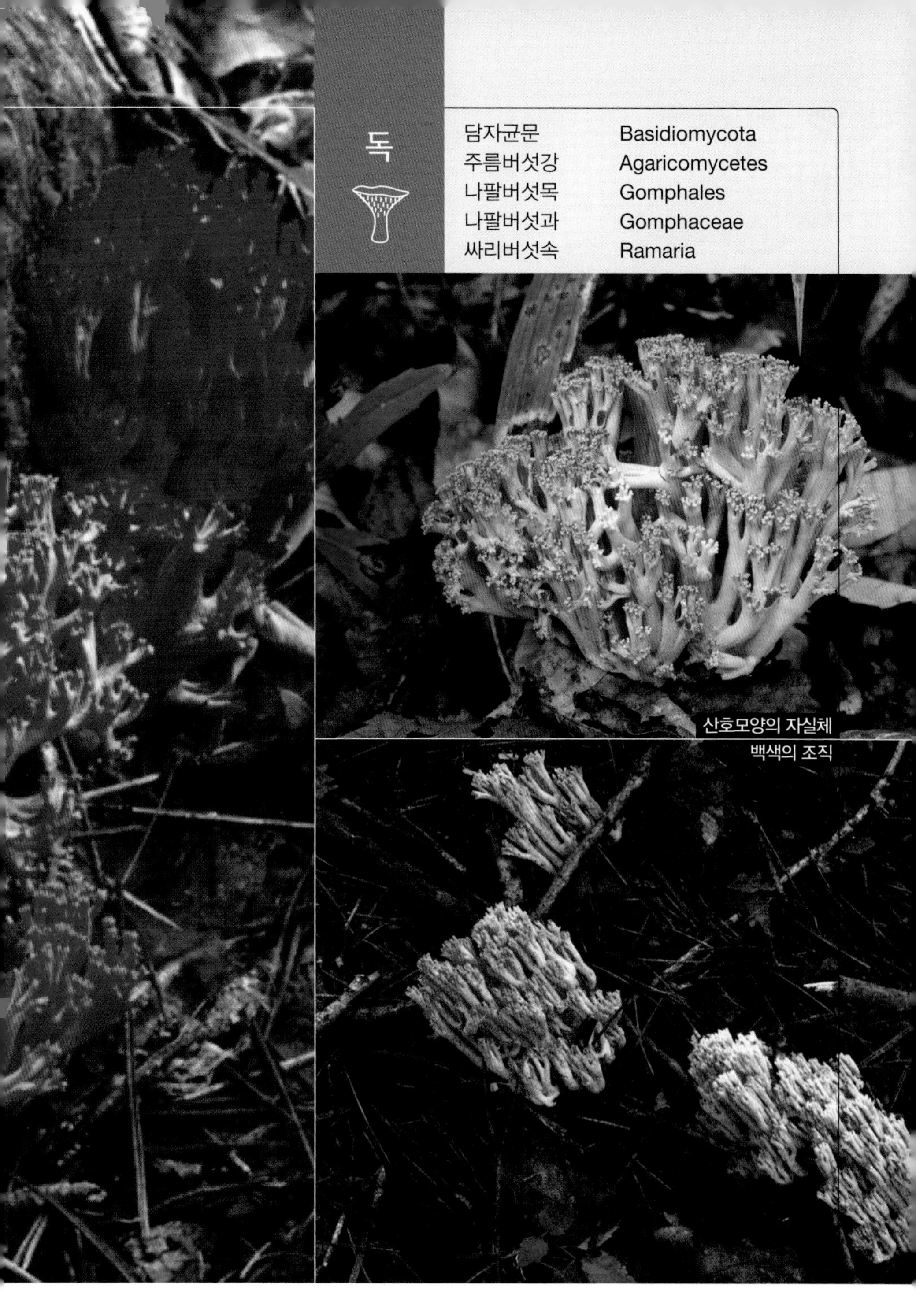
독
담자균문 Basidiomycota
주름버섯강 Agaricomycetes
나팔버섯목 Gomphales
나팔버섯과 Gomphaceae
싸리버섯속 Ramaria
산호모양의 자실체
백색의 조직

분지 끝은 성숙하면 붉은색을 띤다.

무리지어 발생하는 자실체

초기에는 짧고 뭉툭한 자루 모양을 보이는 자실체.

성숙하면 붉은 색이 퇴색되어 회등황색을 띤다.

식용인 싸리버섯

형태적 특징 ·

붉은싸리버섯의 자실체는 중대형이며, 높이 7.5~15(20)㎝, 폭은 5.5~14.5(20)㎝로 산호형이다. 초기에는 짧고 뭉툭한 자루 모양이며, 상단부에서 2~6개의 분지가 나타나고 위쪽으로 4~6회 분지가 형성된다. 상부 쪽의 분지는 점점 가늘어지고 짧다. 분지는 2분지 또는 다분지형이며, 분지의 모양은 포크 · U자형이고, 분지 끝은 뾰족하거나 뭉툭하다. 대의 지하부는 백색 또는 옅은 갈백색을 띠고, 지상부는 맑은 적색 또는 분홍색, 분지 끝은 맑은 황색을 띠나 성숙하면 다소 붉은색으로 퇴색되어 회등황색을 띤다. 조직은 백색이고 상처를 입으면 적갈색으로 변한다. 육질형 또는 육질상 섬유질형이며 분필처럼 잘 부서진다. 신맛이 있다. 포자문은 암황색 또는 황색이며 포자는 긴 타원형이고, 표면에 크고 불규칙한 돌기(사마귀상)가 있으며, cotton blue 용액에 염색된다.

발생시기 및 장소 ·

늦은 여름과 가을에 활엽수림의 지상에 무리지어 발생하며 흔히 발견된다.

감별해야 할 식용버섯 ·

싸리버섯과 구별이 필요하다.

식용 가능 여부 · 준독성이다.

분포 · 전 세계

비탈광대버섯

비탈광대버섯 *Amanita abrupta* Peck

- **발생시기** 여름과 가을
- **발생장소** 참나무류, 침엽수림 또는 혼합림 내 지상
- **분포지역** 한국, 일본, 북아메리카

독
담자균문 Basidiomycota
주름버섯강 Agaricomycetes
주름버섯목 Agaricales
광대버섯과 Amanitaceae
광대버섯속 Amanita
원통형의 대
주름살 및 떨어진 턱받이

사마귀점이 떨어진 갓
어린 턱받이
노화된 상태
양파 모양의 대주머니

대주머니를 포함한 자실체 전체의 모양

내피막 흔적이 남아 있는 자실층의 모습

갓 표면의 사마귀점

전체 형태

형태적 특징 • 비탈광대버섯의 갓은 3.5~7.5㎝로 반구형 또는 유구형이나 성장하면 반반구형, 편평상 반반구형 또는 편평형이 된다. 초기에는 갓 끝에 백색의 내피막 잔유물이 부착되어 있다. 표면은 건성이고 백색 또는 유백색이나 종종 옅은 갈색으로 퇴색된다. 표면은 평활하고 방사상의 선은 없으며, 사마귀상이나 피라미드상의 돌기가 부착되어 있으나 쉽게 떨어져 나간다. 조직은 두껍고 육질형이며, 백색이다. 주름살은 떨어진주름살이고 빽빽하며, 주름살날은 분질상이다. 대의 길이는 7.2~13.6㎝로 원통상이고, 기부는 양파 모양의 구근상이다. 표면은 손거스러미상 인피가 있으며, 대 기부의 구근상 위에 일반적으로 갓과 같은 사마귀점 돌기가 산재해 있다. 턱받이는 백색이고 막질이며, 윗면에 방사상의 홈선이 있고, 영존성이다. 포자문은 백색이고, 포자는 구형 또는 유구형이고, 아밀로이드이다.

발생시기 및 장소 • 여름과 가을에 참나무류, 침엽수림 또는 혼합림 내 지상에 홀로 또는 흩어져 발생하는 외생균근균이며, 발생 빈도가 낮다.

식용 가능 여부 • 독버섯(맹독성). 버섯 1~3개(50g)가 치명적인 용량의 아마톡신(amatoxin)을 함유한다. 열에도 매우 안정하여 끓여도 독 성분이 사라지지 않는다.

분포 • 한국, 일본, 북아메리카

삿갓외대버섯

삿갓외대버섯 *Entoloma rhodopolium* (Fr.) P. Kumm.

- **발생시기** 여름부터 가을까지
- **발생장소** 활엽수림 내 땅 위
- **분포지역** 한국, 일본, 북아메리카, 북반구 일대

갓이 회색 또는 회황토색을 띠는 자실체

비단상 광택이 있는 갓

조직은 백색이고 주름살은 백색에서 포자가 형성되면 분홍색으로 변한다.

대는 비어 있고 구부러져 있다.

분홍색을 띤 주름살

성장하면서 볼록편평형이 된 갓

식용 느타리(야생종)

형태적 특징

삿갓외대버섯의 갓은 지름이 3~8㎝ 정도로 처음에는 종형이나 성장하면서 볼록편평형이 된다. 갓 표면은 매끄럽고, 습하면 회색 또는 회황토색을 띠고 반투명선이 나타난다. 건조하면 연한 색으로 퇴색되고 비단상의 광택이 난다. 조직은 백색이며 얇다. 주름살은 완전붙은주름살형이나 성장하면서 끝붙은주름살형이 되고, 약간 빽빽하며, 처음에는 백색이나 점차 연한 분홍색이 된다. 대의 길이는 5~10㎝ 정도의 원통형이고, 위아래 굵기가 비슷하거나 위쪽이 가늘다. 대의 속은 비어 있으며 표면은 백색이다. 포자문은 연한 분홍색이며 포자 모양은 다면체이다.

발생시기 및 장소

여름부터 가을까지 활엽수림 내 땅 위에 홀로 또는 흩어져 발생한다.

식용 가능 여부

독버섯

분포

한국, 일본, 북아메리카, 북반구 일대

참고

식용버섯인 외대덧버섯, 느타리와 형태적으로 유사하므로 주의하여야 한다.

암회색광대버섯아재비

암회색광대버섯아재비 *Amanita pseudoporphyria* Hongo

- **발생시기** 여름부터 가을까지
- **발생장소** 활엽수림, 침엽수림 내 땅 위
- **분포지역** 한국, 일본, 중국, 북아메리카, 오스트레일리아

대형의 대주머니를 가지고 있다.

갓에 방사상의 줄무늬가 있는 자실체

어린 자실체
줄지어 발생한 자실체
성숙하면 편평하게 펴지는 갓
쉽게 소실되는 갓 표면에 존재하는 백색의 외피막

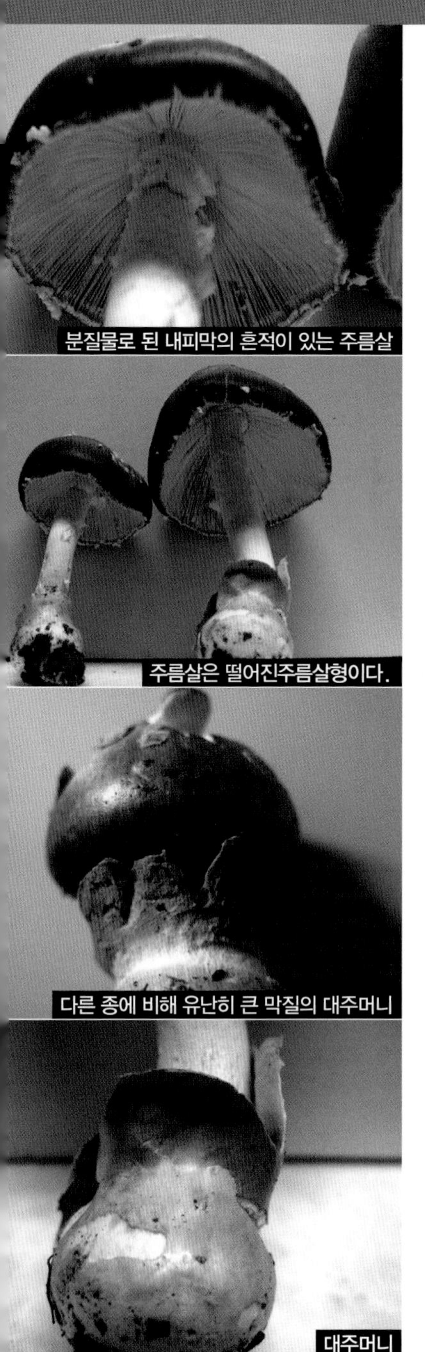
분질물로 된 내피막의 흔적이 있는 주름살

주름살은 떨어진주름살형이다.

다른 종에 비해 유난히 큰 막질의 대주머니

대주머니

형태적 특징

암회색광대버섯아재비의 갓은 지름이 3~11㎝ 정도로 처음에는 반구형이나 성장하면서 편평형이 된다. 갓 표면은 회색 또는 갈회색이며, 중앙부는 짙은 회색이다. 방사상의 섬유상 줄무늬가 있으며 조직은 백색이다. 주름살은 떨어진주름살형이고 빽빽하며, 백색이다. 대의 길이는 5~12㎝ 정도로 기부는 부풀어 뿌리 모양이며 표면은 백색이고, 인편이 있다. 대 위쪽에는 백색 막질의 턱받이가 있으나 조기 탈락성이다. 대주머니는 회백색의 막질형이며 매우 크다. 포자문은 백색이고, 포자 모양은 타원형이다.

발생시기 및 장소

여름부터 가을까지 활엽수림, 침엽수림 내 땅 위에 홀로 또는 무리지어 발생한다.

식용 가능 여부

독버섯

분포

한국, 일본, 중국, 북아메리카, 오스트레일리아

애기무당버섯

애기무당버섯 *Russula densifolia* Secr. ex Gillet

- **발생시기** 여름과 가을
- **발생장소** 침엽수림과 활엽수림의 지상
- **분포지역** 북반구 일대

담자균문	Basidiomycota
주름버섯강	Agaricomycetes
무당버섯목	Russulales
무당버섯과	Russulaceae
무당버섯속	Russula

주름살은 내린주름살이다.

갓은 상처를 입으면 적색으로 다시 변하고 다시 검은색으로 변한다.

짧은 대
성숙한 자실체
성숙하면 끝부위가 갈라지는 자실체
약간 두껍고 평활한 갓 표면

형태적 특징 ·

애기무당버섯의 갓은 4.7~11.5㎝으로 반구형이다. 갓의 끝은 안쪽으로 굽어 있으며, 성숙하면 끝 부위가 위로 펴지며 중앙오목편평형 또는 깔때기형이 된다. 표면은 건성이고 초기에 유백색이나 성장하면 회갈색 또는 흑갈색을 띠고, 습할 때 점성이 있으며 평활하다. 조직은 약간 두껍고 백색이나 상처를 입으면 적색으로 변하며, 시간이 경과하면 서서히 회색 또는 흑색이 된다. 주름살은 얇고 붙은주름살 또는 내린주름살이고 빽빽하며 상처를 입으면 붉은색으로 변하고 서서히 회색이나 흑색으로 변한다(급격히 검은색으로 변하지 않는다). 대의 길이는 3.2~6.4㎝로 원통형이고, 상하 굵기가 비슷하다. 포자문은 백색이고, 포자는 유구형 또는 구상 난형이며, 표면에는 미세한 가시돌기와 가는 망목이 있다.

발생시기 및 장소 ·

여름과 가을에 침엽수림과 활엽수림의 지상에서 소수 무리지어 발생한다.

식용 가능 여부 ·

독버섯(맹독성)

분포 ·

북반구 일대

어리알버섯

어리알버섯 *Scleroderma verrucosum* (Bull.) Pers.

- **발생시기** 여름부터 가을까지
- **발생장소** 산림 내 모래땅 위
- **분포지역** 한국, 일본, 중국, 유럽, 북아메리카, 아프리카

독

담자균문	Basidiomycota
주름버섯강	Agaricomycetes
그물버섯목	Boletales
어리알버섯과	Sclerodermataceae
어리알버섯속	Scleroderma

어릴 때 자실체를 자르면 남색을 띤다.
작은 인편이 점을 이루고 있다.

표면은 불규칙하게 갈라진다.

포자는 진갈색으로 비나
바람의 힘을 이용해서 비산한다.

식용인 말불버섯은 조직의 내부가 백색이다.

형태적 특징

어리알버섯의 자실체는 지름이 2~8㎝ 정도, 높이는 2~7㎝ 정도로 높이보다 너비가 큰 것이 많으며, 유구형이다. 표면은 황갈색이고 진한 색의 작은 인편이 점을 이루고 있다. 표면은 성숙하면 불규칙하게 갈라지고 흑갈색이 된다. 공 모양의 기본체 아래쪽으로 짧은 대가 있고 기부에는 백색의 균사속이 있다. 외피막 속에 기본체가 있으며, 기본체를 자르면 어릴 때는 백색의 조직에 검은 반점이 나타나지만 성장하면 진한 올리브갈색을 띤다. 포자는 진한 갈색이며, 구형이다.

발생시기 및 장소

여름부터 가을까지 산림 내 모래땅 위에 무리지어 발생한다.

식용 가능 여부

독버섯

분포

한국, 일본, 중국, 유럽, 북아메리카, 아프리카

참고

외생균근성 버섯으로 식용버섯인 말불버섯과 유사하나 말불버섯은 어릴 때 기본체를 자르면 조직의 색이 모두 백색이라는 점에서 본 종과 차이가 난다.

오징어새주둥이 버섯

오징어새주둥이버섯 *Lysurus arachnoideus* (E. Fisch.) Trierv.-Per. & Hosaka

- **발생시기** 초여름부터 가을
- **발생장소** 정원이나 목장의 부식질이 풍부한 곳 또는 목재 파편상
- **분포지역** 한국, 일본, 중국, 인도네시아, 말레이시아, 베트남, 뉴질랜드

방사상으로 펼쳐진 자실탁지

파리를 유인해서 포자를 날리는 모습

자실탁지를 벌리기 전의 자실체

냄새나는 점액과 함께 싸인 포자

방사상으로 펼쳐지는 6~16개 정도의 자실탁지
알에 싸인 포자와 자실탁
성장하면 방사상 수평으로 펼쳐지는 자실탁
무리지어 발생한 자실체

형태적 특징 • 오징어새주둥이버섯의 자실체는 초기에 지중생 또는 지상생으로 백색의 구형, 유구형, 난형(지름 1~1.6㎝)이다. 유백색 또는 분홍색을 띤 담황토색의 막질의 외피막(exoperidium)으로 싸여 있고, 기부에 백색 균사속이 있으며, 매트상의 두꺼운 균사괴를 형성한다. 성장하면 윗부분이 갈라지고 대가 나타나며, 상부에 자실탁은 직립상이다. 자실탁은 6~16개의 자실탁지로 되어 있으며 계속 성장하면 방사상으로 수평으로 펼쳐진다. 대의 길이는 2.5~5.8㎝로 백색 원통형이고 1~2층의 포말상 소실로 되어 있는 위유조직으로, 속은 비어 있다. 자실탁지는 6~16개로 백색이고 끝은 가늘고 뾰족하다. 내부는 관상형의 소실이 단층으로 되어 있으며 횡으로 주름이 접혀 있고, 속은 비어 있다. 기본체는 자실탁지 기부 부위의 안쪽에 점액상이고, 암록갈색으로 포자 덩어리를 형성하며 고약한 냄새가 난다. 포자는 원통상 타원형이고 얇으며 무색이고 비아밀로이드이다.

발생시기 및 장소 • 초여름부터 가을에 정원이나 목장의 부식질이 풍부한 곳 또는 목재 파편상에 무리지어 나거나 균륜을 이루며 발생하는 부후균이다.

식용 가능 여부 • 독버섯

분포 • 한국, 일본, 중국, 인도네시아, 말레이시아, 베트남, 뉴질랜드

자주색싸리버섯

자주색싸리버섯 *Ramaria sanguinea* Corner

- **발생시기** 늦여름과 가을
- **발생장소** 활엽수림 또는 혼합림의 지상
- **분포지역** 한국, 북아메리카, 유럽

독

담자균문	Basidiomycota
주름버섯강	Agaricomycetes
나팔버섯목	Gomphales
나팔버섯과	Gomphaceae
싸리버섯속	Ramaria

조직은 백색이나 상처를 입으면 자적색으로 변한다.

산호형의 자실체

분지 끝이 짙은 황색을 띰

식용버섯인 싸리버섯

형태적 특징 •

자주색싸리버섯의 자실체는 6.5~12㎝ 산호형이며, 자실체의 기부는 뭉툭하고 폭은 1~4㎝이다. 그 위에 다수의 분지가 형성되고 위쪽으로 반복하여 분지가 나타나는데, 마지막 분지는 끝이 뭉툭하고 짧다. 분지 모양은 V자형이다. 표면은 평활하고, 대의 기부는 백색이나 상처를 입으면 자적색 또는 적자색으로 급변한다. 아래쪽 분지는 담황색 또는 황백색이나 위쪽의 분지는 유황색 또는 황색을 띠며, 분지 끝은 짙은 황색을 띤다. 조직은 부드럽고 육질형이며, 백색이나 상처를 입으면 자적색으로 변한다. 맛은 부드럽다. 포자문은 황색이며, 포자는 타원형이나 긴 타원형이며 미세한 사마귀상 돌기가 있고, 종종 인접한 돌기가 결합되어 있거나 불확실하지만 다소 사선이나 종으로 점선이 있다.

발생시기 및 장소 •

늦여름과 가을에 활엽수림 또는 혼합림의 지상에서 무리지어 발생하지만 국내에서는 드물게 발견된다.

감별해야 할 식용버섯 •

싸리버섯과 구별해야 한다.

식용 가능 여부 •

준독성이다.

분포 • 한국, 북아메리카, 유럽

절구무당버섯아재비

절구무당버섯아재비 *Russula subnigricans* Hongo

- **발생시기** 여름과 가을
- **발생장소** 활엽수림 내 지상
- **분포지역** 한국, 일본, 중국

독

담자균문	Basidiomycota
주름버섯강	Agaricomycetes
무당버섯목	Russulales
무당버섯과	Russulaceae
무당버섯속	Russula

폭이 넓은 주름살
위아래 굵기가 비슷한 원통형의 대

자실체가 땅에 붙어 있는 상태

건성이며 회갈색을 띠는 갓

형태적 특징 • 절구무당버섯아재비의 갓은 4.7~11.5㎝로 반구형이고, 끝은 안쪽으로 굽어 있으며, 성숙하면 끝 부위가 위로 펴지며 중앙오목편평형 또는 깔때기형이 된다. 표면은 건성이고 회갈색 또는 흑갈색을 띠며, 갓보다 옅은 색을 띠고 미세한 털이 밀포하여 있으나 점차 탈락하며 평활하다. 불확실하지만 종으로 선이 있다. 조직은 두껍고 견고하며, 백색이나 상처를 입으면 적색으로 변하나 시간이 경과하면 회색을 띤다. 주름살은 0.6~0.8㎝로 약간 두꺼우며 끝붙은주름살 또는 내린주름살이고, 성글며 짧은 주름살은 거의 없다. 상처를 입으면 붉은색으로 변하며 서서히 회색을 띤다. 대의 길이는 3.2~6.4㎝로 원통형이고 상하 굵기가 비슷하다. 포자문은 백색이고, 포자는 유구형 또는 구상 난형이며, 표면에는 미세한 가시돌기와 가는 망목이 있다. 멜저 용액에서 돌기와 망목은 흑청색을 띠는 아밀로이드이다.

발생시기 및 장소 • 여름과 가을에 활엽수림 내 지상에서 소수 무리지어 발생하며, 외생균근성 버섯이다.

감별해야 할 식용버섯 • 절구무당버섯아재비는 갓의 모양이나 주름살이 넓으며 두껍다는 점에서 절구버섯[*R. nigricans* (Bull.) Fr.]과 매우 비슷하지만, 상처를 입으면 적색으로 변한 후 흑색으로 변하지 않는다는 점에서 쉽게 구별할 수 있다.

식용 가능 여부 • 독버섯(맹독성). 일본에서 2명이 중독으로 사망한 사례가 있으며, 매우 치명적이고 위험한 버섯이다. 버섯 1~3개(50g)가 치명적인 용량의 아마톡신을 함유하고 있다.

분포 • 한국, 일본, 중국

점박이어리알 버섯

점박이어리알버섯 *Scleroderma areolatum* Ehrenb.

- **발생시기** 늦여름과 가을
- **발생장소** 활엽수림 또는 혼합림의 지면, 정원, 도로 주변 등
- **분포지역** 전 세계

독

담자균문	Basidiomycota
주름버섯강	Agaricomycetes
그물버섯목	Boletales
어리알버섯과	Sclerodermataceae
어리알버섯속	Scleroderma

자실체 표면의 얼룩
위아래 굵기가 비슷한 원통형의 대

어린 자실체를 자르면 볼 수 있는 암갈색의 포자층

기본체에 탁실균사는 없고 포자로 채워짐

외표피막은 성숙하면 미세한 인편으로 갈라짐

형태적 특징

점박이어리알버섯의 자실체는 반지중생으로 크기가 1.5~4㎝로 구형 또는 서양배형이며, 하부는 좁아져 대 모양을 형성하나 경계는 불분명하다. 표면은 얇은 단층의 외표피막(peridium)으로 싸여 있는데, 성숙하면 미세한 인편으로 갈라지고 담갈색 또는 황갈색을 띠나 성숙하면 암갈색을 띤다. 포자가 성숙하면 상단부가 불규칙하게 갈라져 포자가 비산된 후에 술잔 모양의 기부만 남는다. 대는 높이가 0.7~1.8㎝이며 기부에 백색의 뿌리 모양의 균사속(rhizomorps)이 잘 발달되어 있다. 기본체는 초기에는 백색을 띠며 견고하고, 점차 갈색, 자갈색, 갈흑색을 띠며 분질로 된다. 포자는 구형이고, 끝이 뾰족한 침상 돌기(1.5~2㎛)가 있으며, 갈색이다.

발생시기 및 장소

늦여름과 가을에 활엽수림 또는 혼합림의 지면, 정원, 도로 주변 등에 무리지어 발생한다.

식용 가능 여부

독버섯

분포

전 세계

젖버섯 *Lactarius piperatus* (L.) Pers.

- **발생시기** 여름부터 가을 사이
- **발생장소** 활엽수 또는 침엽수림의 땅
- **분포지역** 한국, 일본, 중국, 오스트레일리아

독

담자균문	Basidiomycota
주름버섯강	Agaricomycetes
무당버섯목	Russulales
무당버섯과	Russulaceae
젖버섯속	Lactarius

어린 자실체

굽은형이다가 점차 펴진 갓의 모습

깔때기 모양의 갓

백색의 유액은 매운맛이 난다.

형태적 특징

젖버섯의 갓은 지름이 4~18㎝ 정도로 깔때기 모양이다. 갓 표면은 매끄럽고 주름이 있으며, 중앙부는 황백색을 띠나 끝 부위는 백색이며, 황갈색의 얼룩이 생긴다. 갓 끝은 어릴 때는 굽은 형이고 성장하면서 펴진다. 주름살은 내린주름살형으로 폭이 좁고 2개로 갈라지며, 크림색이고 빽빽하다. 조직에 상처를 주면 백색 유액이 분비되며, 변색하지 않고, 혀를 자극하는 매운맛이 난다. 대의 길이는 3~10㎝ 정도이며 아래쪽이 약간 가늘고, 표면은 백색이다. 포자문은 백색이며, 포자 모양은 타원형이다.

발생시기 및 장소

여름부터 가을 사이에 활엽수 또는 침엽수림의 땅에 무리지어 발생하며, 외생균근성 버섯이다.

식용 가능 여부

독버섯

분포

한국, 일본, 중국, 오스트레일리아

참고

북한명은 흙쓰개젖버섯이다. 국내 자생종 중에 자실체가 백색이면서 유액을 분비하며 혀 끝을 대면 매운맛이 나는 버섯이 4종이 있는데 본 종은 갓에 털이 없고 주름살이 빽빽하다는 것이 특징이다.

진갈색주름버섯

진갈색주름버섯 *Agaricus subrutilescens* (Kauffman) Hotson & D. E. Stuntz

- **발생시기** 여름부터 가을 사이
- **발생장소** 침엽수림, 활엽수림, 혼합림내 땅 위
- **분포지역** 한국, 전 세계

아래쪽이 굵고 털 모양의 인편이 있는 대
갓 끝은 백색 막질의 내피막 흔적이 있다.

갓은 성장하면서 자갈색의 섬유상 인편이 넓게 펼쳐진다.

성숙한 포자가 있는 진갈색의 주름살

주름살은 어릴 때 백색이다가 분홍색으로 변하고 포자가 성숙하면 회자갈색이 된다.

막질의 내피막이 있다.

형태적 특징

진갈색주름버섯의 갓은 지름이 5~20㎝ 정도로 처음에는 반구형이나 성장하면서 편평형이 된다. 갓 표면은 백색이나 가운데에 자갈색의 섬유상 인편이 밀집해 있다. 갓 끝은 백색 막질의 내피막으로 덮여 있다가 성숙하면서 내피막이 분리되며 막질 고리가 된다. 조직은 다소 두껍고 백색을 띠다가 갈색으로 변해간다. 주름살은 떨어진주름살형으로 빽빽하고, 백색에서 홍색을 거쳐 흑갈색으로 변색된다. 대의 길이는 5~15㎝ 정도으로 위쪽은 연한 홍색이며 아래쪽은 굵고 털 모양의 인편이 있다. 턱받이는 대의 가운데 또는 위쪽에 붙어 있으며 백색이다. 포자문은 회자갈색이며 포자 모양은 타원형이다.

발생시기 및 장소

여름부터 가을 사이에 침엽수림, 활엽수림, 혼합림내 땅 위에 홀로 또는 무리지어 발생한다.

식용 가능 여부

독버섯

분포

한국, 전 세계

참고

갓의 인편이 진한 갈색으로 물결 모양으로 펼쳐져 있다.

큰우산광대버섯

큰우산광대버섯 *Amanita cheelii* P.M. Kirk

- **발생시기** 여름에서 가을
- **발생장소** 활엽수와 침엽수림 내 지상
- **분포지역** 한국, 일본, 중국, 북아메리카

알 속의 자실체

어린 자실체

갓 가장자리에 있는 홈선
갓 표면의 홈선

땅 표면에 드러난 대주머니

검은색 인피가 있는 대의 표면

형태적 특징 • 큰우산광대버섯의 자실체는 초기에 백색의 작은 달걀 모양이나 성장하면서 정단부의 외피막이 파열되어 갓과 대가 나타난다. 갓은 크기가 5.5~14㎝이며, 초기에는 반구형이나 성장 후에는 중앙볼록편평형 또는 편평형이 된다. 표면은 습할 때 다소 점성이 있으며 평활하거나 갈색, 회갈색, 황갈색 등의 다양한 색이며, 주변 부위는 옅은 색을 띠며 방사상의 선명한 홈선이 있다. 조직은 비교적 얇고 부드러우며 육질형이고 백색이나 표피층은 회갈색이다. 맛과 냄새는 특별하지 않다. 주름살은 대에 떨어진주름살이고 약간 성글거나 약간 빽빽하며, 주름살날은 암회갈색의 분질상이다. 대의 길이는 5.3~18㎝로 원통형이며 위쪽이 다소 가늘다. 표면은 유백색 또는 회백색 바탕에 암회색의 미분질이 얼룩덜룩한 뱀 껍질 모양의 무늬가 있다. 대 기부에는 백색 대주머니가 있으며 턱받이는 없고, 초기에는 대의 속은 차 있으나 성장하면 비어 있다. 포자문은 백색이며, 포자는 구형이고 비아밀로이드이다.

발생시기 및 장소 • 여름에서 가을에 활엽수와 침엽수림 내 지상에 홀로 또는 흩어져 발생하며, 외생균근성 버섯이다.

감별해야 할 식용버섯 • 우산광대버섯. 우산광대버섯은 대의 표면과 주름살날 부분이 백색이지만 큰우산광대버섯은 약간 검은색을 띠고 있다.

식용 가능 여부 • 독버섯

분포 • 한국, 일본, 중국, 북아메리카

턱받이광대버섯

턱받이광대버섯 *Amanita spreta* (Peck) Sacc.

- **발생시기** 여름과 가을
- **발생장소** 활엽수림, 침엽수림 또는 혼합림의 지상
- **분포지역** 일본, 러시아 연해주, 중국, 북아메리카, 유럽

독
담자균문 Basidiomycota
주름버섯강 Agaricomycetes
주름버섯목 Agaricales
광대버섯과 Amanitaceae
광대버섯속 Amanita
백색의 주름살
막질의 대주머니

백색의 외피막에 싸인 작은 달걀 모양의 자실체
알에서 나오는 회백색의 갓
종으로 형성된 섬유질상 선
상부 쪽이 가는 대

얇은 막의 턱받이
주름살은 떨어진주름살

형태적 특징 •
턱받이광대버섯의 자실체는 백색의 작은 달걀 모양이나 점차 상단 부위가 갈라져 갓과 대가 나타난다. 갓은 2.5~6.5㎝로 난형 또는 종형이나 성장하면 반반구형이 되거나 편평하게 펴진다. 표면은 평활하고, 습할 때는 다소 점성이 있으며 회갈색 또는 회색을 띠고 방사상으로 홈선이 있다. 조직은 비교적 얇고, 갓의 표피 하층은 회색을 띤다. 주름살은 떨어진주름살로 약간 성글며 백색이다. 주름살날은 분질상이다. 대는 4.5~11㎝로 원통형으로 상부 쪽이 다소 가늘다. 표면은 평활하거나 종으로 섬유상 선이 있고 백색이며, 대의 속은 비어 있다. 턱받이는 막질이다. 대주머니는 백색이고 막질이다. 포자문은 백색이고, 포자는 넓은 타원형이며 평활하고 비아밀로이드이다.

발생시기 및 장소 • 여름과 가을에 활엽수림, 침엽수림 또는 혼합림의 지상에 흩어져 발생한다.

감별해야 할 식용버섯 • 턱받이광대버섯과 우산광대버섯의 갓 표면은 주변 부위에 방사상으로 홈선이 있고, 백색의 길고 가는 대와 대 기부에 대주머니(우산버섯형의 대주머니)의 형태가 매우 유사하지만, 우산광대버섯은 대의 상부에 턱받이가 없다는 점이 다르다. 긴골광대버섯아재비(A. longistriata S. Imai)는 턱받이광대버섯과 모양과 크기, 대에 턱받이가 있다는 점에서 매우 비슷하나, 전자는 주름살이 초기에는 백색이나 점차 분홍색을 띤다는 점에서 쉽게 구별된다.

식용 가능 여부 • 독버섯

분포 • 일본, 러시아 연해주, 중국, 북아메리카, 유럽

파리버섯 *Amanita melleiceps* Hongo

- **발생시기** 여름
- **발생장소** 적송림 또는 참나무림의 지상
- **분포지역** 한국, 중국, 일본

갓이 돌출된 자실체

백색의 포자를 가지고 있는 주름살

성숙한 자실체의 갓과 주름살

방사상의 홈선이 있는 갓

외피막이 분질물로 갓 위에 넓게 분포

어린 자실체

어린 자실체의 갓 위에 생긴 분질상의 외피막

형태적 특징 ·

파리버섯의 갓은 2.7~5.6㎝로 구형 또는 반구형이나 성숙하면 반반구형 또는 편평하게 펴진다. 표면은 습할 때 점성이 있으며, 담황색 또는 황토색을 띠고, 백색 또는 담황색의 분질이 산재해 있으며 방사상의 홈선이 있다. 조직은 얇고 유백색이나 옅은 황색을 띠며 잘 부서진다. 주름살은 떨어진주름살이고 성글며 백색을 띠고, 주름살날은 평활하다. 대는 3.3~5.8㎝로 원통형이고, 기부는 팽대하여 구근상을 이룬다. 표면은 백색 또는 옅은 황색을 띠고, 구근상 위에는 담황색의 분질물이 덮여 있으나 소실된다. 성장하면 대의 속은 빈다. 턱받이는 없다. 포자문은 백색이고, 포자는 광타원형이며 비아밀로이드이다.

발생시기 및 장소 ·

여름에 주로 발견되는데, 적송림 또는 참나무림의 지상에 흩어져 발생한다.

식용 가능 여부 ·

독버섯이다. 국내에서는 살충제가 나오기 오래전부터 파리버섯을 따다가 밥에 비벼서 놓으면 파리가 이것을 빨아먹고 죽었다. 그러나 아직까지 파리를 죽이는 독 성분에 대해서는 알려져 있지 않다.

분포 ·

한국, 중국, 일본

푸른끈적버섯

푸른끈적버섯 *Cortinarius salor* Fr.

- **발생시기** 여름부터 가을까지
- **발생장소** 활엽수림, 혼합림 내 땅 위
- **분포지역** 한국, 일본, 중국, 시베리아

주름살은 완전붙은주름살

초기에 자색이나 포자가 형성되면 황갈색으로 변한다.

담자균문	Basidiomycota
주름버섯강	Agaricomycetes
주름버섯목	Agaricales
끈적버섯과	Cortinariaceae
끈적버섯속	Cortinarius

형태적 특징

푸른끈적버섯의 갓은 지름이 3~8㎝ 정도로 처음에는 반구형이나 성장하면서 편평형이 된다. 갓 표면은 점액에 덮여 있고, 청자색 또는 남색이며 가운데는 약간 갈색을 띤다. 조직은 비교적 얇고 연한 자색을 띠며, 맛은 부드럽다. 주름살은 완전붙은주름살형이고, 약간 빽빽하다. 초기에는 연한 자색이나 성장하면서 황갈색으로 된다. 대의 길이는 4~8㎝ 정도이며, 원주형이다. 대 표면은 점액으로 덮여 있고 연한 자색이나 성장하면서 아래쪽은 황갈색으로 변한다. 거미줄형의 턱받이 흔적이 있으며 황갈색의 포자가 낙하하면 포자색을 띤다. 포자문은 연한 황갈색이며 포자 모양은 유구형이다.

발생시기 및 장소

여름부터 가을까지 활엽수림, 혼합림 내 땅 위에 홀로 또는 무리지어 발생한다.

식용 가능 여부

독버섯

분포

한국, 일본, 중국, 시베리아

황금싸리버섯

황금싸리버섯 *Ramaria aurea* (Schaeff.) Quél.

- **발생시기** 늦은 여름이나 가을
- **발생장소** 활엽수림(특히 참나무류인 너도밤나무림)의 지상
- **분포지역** 한국, 유럽, 북아메리카, 오스트리아, 아시아 열대 이북

담자균문	Basidiomycota
주름버섯강	Agaricomycetes
나팔버섯목	Gomphales
나팔버섯과	Gomphaceae
싸리버섯속	Ramaria

형태적 특징

황금싸리버섯의 자실체는 중대형이며 7.5~20㎝로 산호 모양으로 초기에는 짧고 뭉툭한 자루 모양(지름 2~5㎝)이다. 상단부에서 2~6개의 분지가 나타나고, 위쪽으로 4~6회 분지가 형성되는데 상부 쪽의 분지는 점점 가늘고 짧다. 분지는 2분지 또는 다분지형이며, 분지의 모양은 포크 · U자형이고, 분지 끝은 뾰족하거나 뭉툭하다. 대의 기부는 백색을 띠고 상부 쪽은 레몬황색을 띤다. 분지 끝은 약간 붉은색을 띤 난황색이고, 성숙하면 다소 옅은 황색으로 퇴색된다. 상처를 입어도 변색되지 않는다. 조직은 백색이고, 육질형 또는 육질상 섬유질형이다. 냄새는 불분명하고 약간 신맛이 있거나 부드럽다. FeSO4(황산철) 용액을 분지에 떨어뜨리면 적색으로 변한다(Schild). 포자문은 황색이며, 포자는 타원형이고, 표면에 미세돌기가 있으며 종종 돌기종선을 이룬다.

발생시기 및 장소

늦은 여름이나 가을에 활엽수림(특히 참나무류인 너도밤나무림)의 지상에 무리지어 발생하며, 국내에서 흔히 볼 수 있는 종이다.

감별해야 할 식용버섯

싸리버섯과는 구별된다.

식용 가능 여부

준독성이다.

분포

한국, 유럽, 북아메리카, 오스트리아, 아시아 열대 이북

식용인 싸리버섯과 구별해야 한다.

회색두엄먹물버섯

회색두엄먹물버섯 *Coprinopsis atramentaria* (Bull.) Redhead, Vilgalys & Moncalvo

- **발생시기** 봄과 가을
- **발생장소** 정원, 화전지, 도로변의 퇴비 더미 주위 또는 부식질이 많은 곳, 활엽수의 부후목
- **분포지역** 한국, 전 세계

독

담자균문	Basidiomycota
주름버섯강	Agaricomycetes
주름버섯목	Agaricales
눈물버섯과	Psathyrellaceae
두엄먹물버섯속	Coprinopsis

난형의 어린 자실체체

자라면서 종형으로 발달한다.

부식질이 많은 곳에 발생하는 자실체

회갈색의 인편

잔디밭에 무리지어 발생하는 자실체

포자가 성숙하면 액화 현상이 일어난다.
포자는 검은색을 띤다.
식용하는 먹물버섯의 어린 자실체

형태적 특징 • 회색두엄먹물버섯의 갓은 3.5~7.5㎝로 난형이나 성장하면 종형 또는 원추상 종형으로 발달한다. 표면은 담회색 또는 담회갈색을 띠며, 종종 회갈색의 미세한 인편이 있다. 종종 중앙 부위를 제외하고 방사상으로 잔주름이나 홈선이 있다. 주름살은 끝붙은주름살이며, 빽빽하고 유백색이거나 옅은 회백색이다. 포자가 성숙하면 갓 끝쪽에서부터 자갈색이나 적갈색을 띠다가 흑색으로 변하며 포자를 날린 후에 끝에서부터 액화 현상이 나타난다. 대의 길이는 4.5~15.5㎝로 기부는 굵으며 기부는 방추형 뿌리 모양이다. 성장하면 대의 속은 비고, 대 기부 쪽에 내피막의 일부가 불완전한 턱받이를 이루고 있다. 포자문은 갈흑색 또는 흑색, 포자는 타원형이고, 분명한 발아공이 있다.

발생시기 및 장소 • 회색두엄먹물버섯은 국내의 농가 주변이나 들판에서 흔히 아침에 발견되는 버섯으로 해가 뜨면서 먹물처럼 녹아내리는 특징이 있다. 봄과 가을에 정원, 화전지, 도로변의 퇴비더미 주위 또는 부식질이 많은 곳에서 발생하며 종종 활엽수의 부후목에 무리지어 발생한다.

감별해야 할 식용버섯 • 먹물버섯

식용 가능 여부 • 독버섯이다. 알코올과 함께 섭취하면 소화기증상(구역질, 구토, 복통 등)을 유발하며, 증상은 3~4일 정도 지속되다가 자연 치유된다.

분포 • 한국, 전 세계

흙무당버섯

흙무당버섯 *Russula senecis* S. Imai

- **발생시기** 여름과 가을
- **발생장소** 혼합림의 지상
- **분포지역** 한국, 일본 등 전 세계

독
담자균문 Basidiomycota
주름버섯강 Agaricomycetes
무당버섯목 Russulales
무당버섯과 Russulaceae
무당버섯속 Russula
어린 자실체
코스모스 꽃잎 모양으로 갈라진 갓의 표피

어릴 때 황토갈색을 띠며 성냥개비 형태를 이룬다.

중앙오목편평형인 갓

갓 주변부의 홈선

혼합림 내 지상에 발생한다.
반구형이나 끝은 굽어 있는 어린 자실체의 갓
광택이 있는 갓

형태적 특징

흙무당버섯의 갓은 4.7~10.5㎝로 반구형으로 끝은 안쪽으로 굽어 있으며, 표면은 황토갈색을 띠고 평활하나 성숙하면 반반구형 또는 중앙오목편평형이 된다. 표면은 황토갈색의 표피층이 코스모스 꽃잎 모양으로 갈라지며, 그 사이에 담황토색의 조직이 나타나고, 주변부에는 돌기선이 있다. 조직은 냄새무당버섯과 같은 냄새가 나고 약간 매운맛이 난다. 주름살은 떨어진주름살이며 약간 빽빽하고, 짧은 주름살은 거의 없다. 황백색 또는 어두운 황백색을 띠나 후에 갈색으로 얼룩진다. 대의 길이는 4.2~7.8㎝로 원통형이며, 표면은 황토색이나 황토갈색 바탕에 갈색 또는 흑갈색의 작은 돌기가 밀포되어 있다. 대의 속은 성장하면 해면질화 된다. 포자문은 백색이고 포자는 구형이며, 완전한 또는 불완전한 대형의 날개 모양의 띠와 크고 작은 가시 모양의 돌기가 있다. 멜저용액에서 띠와 돌기는 흑청색을 띠는 아밀로이드이다.

발생시기 및 장소

여름과 가을에 혼합림의 지상에서 발견된다.

식용 가능 여부

준독성이다.

분포

한국, 일본 등 전 세계

흰가시광대버섯

흰가시광대버섯 *Amanita virgineoides* Bas

- **발생시기** 여름부터 가을까지
- **발생장소** 침엽수림, 활엽수림 또는 혼합림내 땅 위
- **분포지역** 한국, 중국 등 북반구 일대

독

담자균문	Basidiomycota
주름버섯강	Agaricomycetes
주름버섯목	Agaricales
광대버섯과	Amanitaceae
광대버섯속	Amanita

구형의 갓을 이룬 어린 자실체

대 표면은 가시 모양의 인편이 있어 만지면 손에 잘 붙는다.

곤봉형의 대 기부

가시 모양의 인편

어린 자실체

백색의 가루로 덮인 자실체

대에 떨어진주름살

내피막 모습

형태적 특징

흰가시광대버섯의 갓은 지름이 10~20㎝ 정도로 전체가 백색이고, 초기에는 구형이나 성장하면서 편평형이 된다. 표면은 백색이고 가루로 덮여 있으며, 가시 모양의 인편이 부착되어 있다. 인편은 비가 오면 빗물에 씻겨 떨어져 나가 다른 종처럼 보이기도 한다. 조직은 백색이다. 주름살은 떨어진 주름살형이고, 약간 빽빽하고, 백색이다. 대의 길이는 10~25㎝ 정도이며, 어린 버섯은 대 속이 차 있으나 성장하면서 속이 빈 것도 있다. 표면은 순백색이며, 가시 모양의 인편이 붙어 있어서 만지면 손에 잘 붙는다. 턱받이는 성장하면서 탈락되기도 한다. 기부는 곤봉형이며 가시 모양의 인편이 있다. 포자문은 백색이며, 포자 모양은 타원형이다.

발생시기 및 장소

여름부터 가을까지 침엽수림, 활엽수림 또는 혼합림내 땅 위에 홀로 발생하며, 외생균근성 버섯이다.

식용 가능 여부

우리나라에서는 '닭다리버섯'이라 부르고 식용하고 있지만 독버섯으로 기록된 문헌이 있으므로 성분을 확인한 후에 식용해야 하는 버섯이다. 요리를 해서 먹을 경우 입안이 가시에 찔린 것과 같은 통증이 있으므로 먹지 않는 것이 좋다.

분포 · 한국, 중국 등 북반구 일대

흰갈대버섯

흰갈대버섯 *Chlorophyllum molybdites* (G. Mey.) Massee

- **발생시기** 봄에서 가을
- **발생장소** 초지 목장 등 유기질이 많은 곳
- **분포지역** 한국, 일본, 열대, 아열대, 아메리카 대륙

독

담자균문	Basidiomycota
주름버섯강	Agaricomycetes
주름버섯목	Agaricales
주름버섯과	Agaricaceae
갈대버섯속	Chlorophyllum

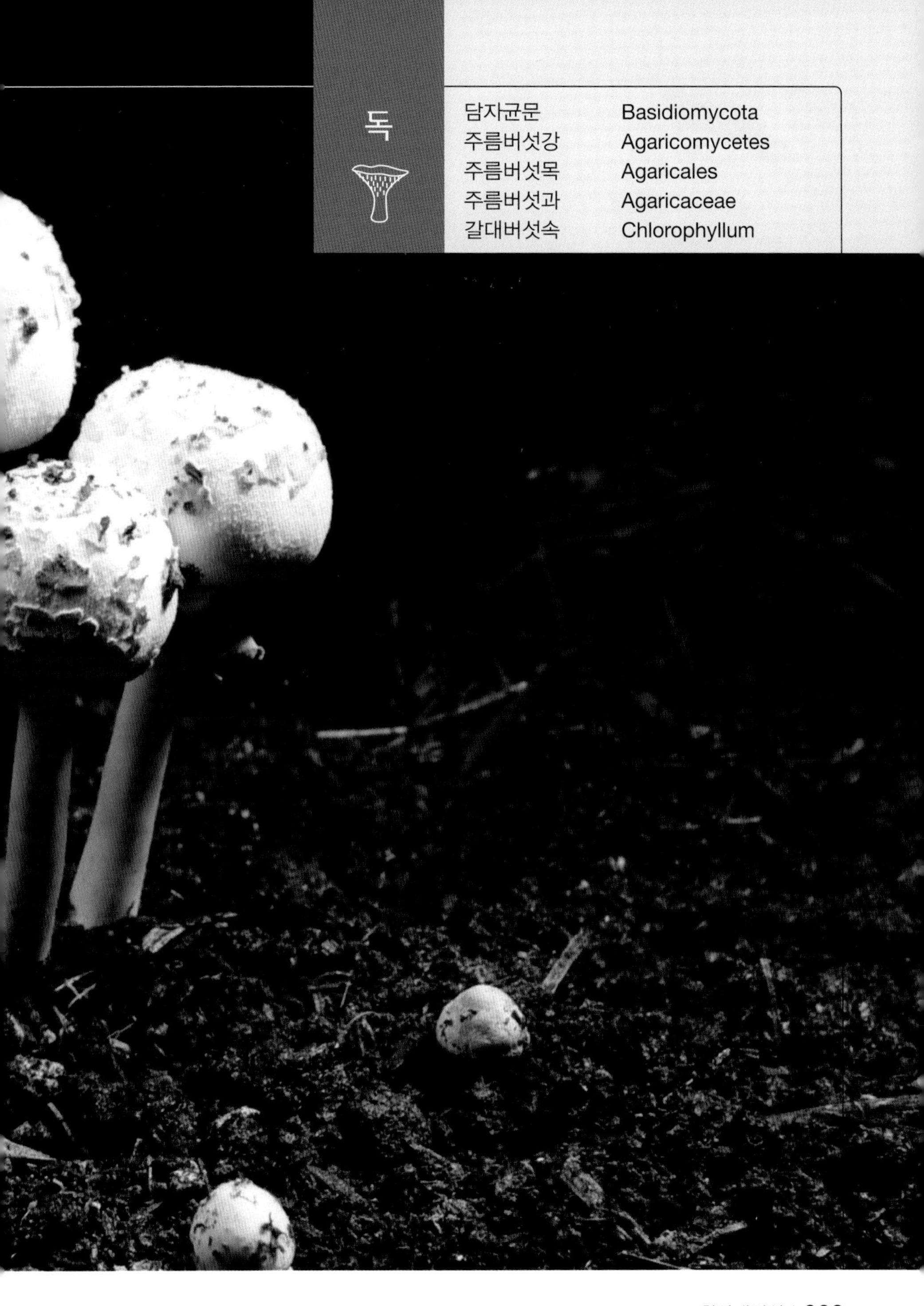

성장하면서 불규칙한 인편이 생긴다.

어린 버섯의 갓은 구형이다.

푸른빛이 감도는 주름살

형태적 특징

흰갈대버섯의 갓은 직경이 6.5~28.5㎝로 초기에 구형 또는 종형이나 성장하면 중고반반구형 또는 중고편평형이 된다. 갓 표면은 건성이고 평활하며 짙은 갈색을 띠다가 성장하면 중앙 부위를 제외하고 불규칙하게 갈라져 크고 작은 인편이 산재하며, 갈라진 사이는 백색을 띠고 섬유질이거나 해면질이다. 조직은 두껍고 육질이며, 치밀하고 백색이나 성장하면 해면질로 되고 오백색을 띤다. 맛과 향기는 큰갓버섯과 거의 동일하며 부드럽다. 주름살은 대에 떨어진주름살이고 빽빽하며, 편복형이고 폭은 넓으며, 어릴 때에는 백색을 띠고 후에 녹색 또는 회록색을 띠며, 상처를 입으면 갈색으로 변한다.

대의 길이는 8.5~25㎝로 원통형이고 위아래 굵기가 비슷하며, 기부는 팽대하여 구근상이다. 표면은 건성이고 평활하며, 어릴 때에는 백색을 띠나 성장하면 회갈색을 띠고, 섬유질이며 상부에 두꺼운 반지 모양의 가동성 턱받이가 있고, 성장하면 속은 비어 있다. 포자문은 녹색(건조 후에는 황토색을 띤다)을 띠며, 포자는 광타원형 또는 난형이고 평활하며, 포자벽은 두껍고 정단에 발아공이 있다.

발생시기 및 장소

봄에서 가을에 초지 목장 등 유기질이 많은 곳에 발생하며 희귀종의 버섯이다.

감별해야 할 식용버섯

큰갓버섯

식용 가능 여부

독버섯

분포

한국, 일본, 열대, 아열대,
아메리카 대륙

식용인 큰갓버섯의 어린 자실체

흰꼭지외대버섯

흰꼭지외대버섯 *Entoloma album* Hiroë

- **발생시기** 여름부터 가을
- **발생장소** 활엽수림 내 땅 위
- **분포지역** 한국, 일본

습할 때 갓 표면에 반투명선이 생긴다.

갓 중앙에 꼭지 모양의 돌기

주름살은 포자가 성숙하면 분홍색으로 변한다.

종형에서 점차 펼쳐지는 갓

주름살은 포자가 성숙하면 분홍색으로 변한다.

공생하는 버섯으로 큰 바위 주변에 많이 발생한다.

형태적 특징

흰꼭지외대버섯의 갓은 지름이 1~6㎝ 정도로 처음에는 원추형 또는 종형이나 성장하면서 편평형으로 펼쳐지거나 반전되며, 갓 가장자리는 물결 모양을 이루기도 한다. 갓 가운데에 우산 꼭지 모양의 돌기가 있다. 갓 표면은 매끄럽고 비단 같은 광택이 나며, 습할 때는 백색 또는 황백색을 띠고, 반투명선이 나타난다. 조직은 얇으며, 맛과 냄새가 없다. 주름살은 완전붙은주름살형로 성글며, 초기에는 백색이나 성장하면서 분홍색을 띤다. 대의 길이는 2~5㎝ 정도로 원통형이며, 위아래 굵기가 비슷하고, 종종 뒤틀려있거나 편압되어 있다. 대의 표면은 광택이 나며 유백색이고, 속은 비어 있다. 포자문은 살색이며 포자 모양은 다각형이다.

발생시기 및 장소

여름부터 가을에 활엽수림 내 땅 위에 홀로 발생한다.

식용 가능 여부

독버섯

분포

한국, 일본

참고

전체가 백색이며, 갓의 중심부에 연필심 같은 꼭지가 있는 것이 특징이다.

흰오뚜기광대버섯

흰오뚜기광대버섯 *Amanita castanopsidis* Hongo

- **발생시기** 여름
- **발생장소** 숲 속 토양
- **분포지역** 한국, 일본

어린 자실체와 성숙한 자실체

성장하면서 편평형으로 된 갓

대 기부는 구근상이다.

중앙부위가 큰 외피막

백색의 가루로 덮인 자실체

백색의 피라미드상 외피막이 갓 표면에 있는 자실체

주름살은 백색이다.

주름살은 대에 떨어진주름살

식용인 흰가시광대버섯

형태적 특징 • 흰오뚜기광대버섯의 갓은 크기가 3.5~7㎝이고, 초기에는 반구형이나 성장하면 반반구형 또는 편평형이 된다. 갓의 끝 부위는 초기에 백색의 내피막으로 싸여 있으나 성장하면 갓 끝에 내피막 잔유물이 면모상으로 부착되어 있다. 표면에는 백색의 외피막이 피라미드상 또는 사마귀상으로 남아 있으며, 중앙 부위는 더욱 크고 끝 부위 쪽으로 작다. 성장하면 다소 옅은 회갈색 또는 옅은 황갈색을 띠며 탈락성이고, 갓 전체는 백색이며 건성이다. 조직은 두께가 0.4~0.6㎝이며 비교적 두껍고 육질형이며, 백색이고 변색하지 않는다. 냄새는 다소 불쾌하고 맛은 비교적 부드럽다. 주름살은 0.6㎝ 내외이고 대에 떨어진주름살이며, 다소 빽빽하다. 초기에는 백색이나 점차 황백색으로 되며, 주름살 날에는 분질상이 있다. 대의 길이는 4.5~8㎝이고 상부 쪽이 가늘며, 대 기부는 팽대하여 구근상(약 1.8㎝)을 이루고 아래쪽은 가늘어져 위뿌리상을 이룬다. 전체는 곤봉형 또는 방추형이다. 표면은 건성이며, 상부 쪽은 분질상 또는 섬모상이다. 기부 쪽은 섬유상 또는 사마귀상의 인편이 있으며 전체가 백색이다. 내피막은 막질상 또는 섬유상으로 드물게는 턱받이를 형성하나 쉽게 소실된다. 포자문은 백색이며, 포자는 타원형이며, 평활하고 얇으며, 멜저 용액에서 아밀로이드이다.

발생시기 및 장소 • 여름에 숲 속 토양에 흩어져 나거나 소수 무리지어 발생한다.

감별해야 할 식용버섯 • 흰가시광대버섯

식용 가능 여부 • 독버섯(맹독성)

분포 • 한국, 일본

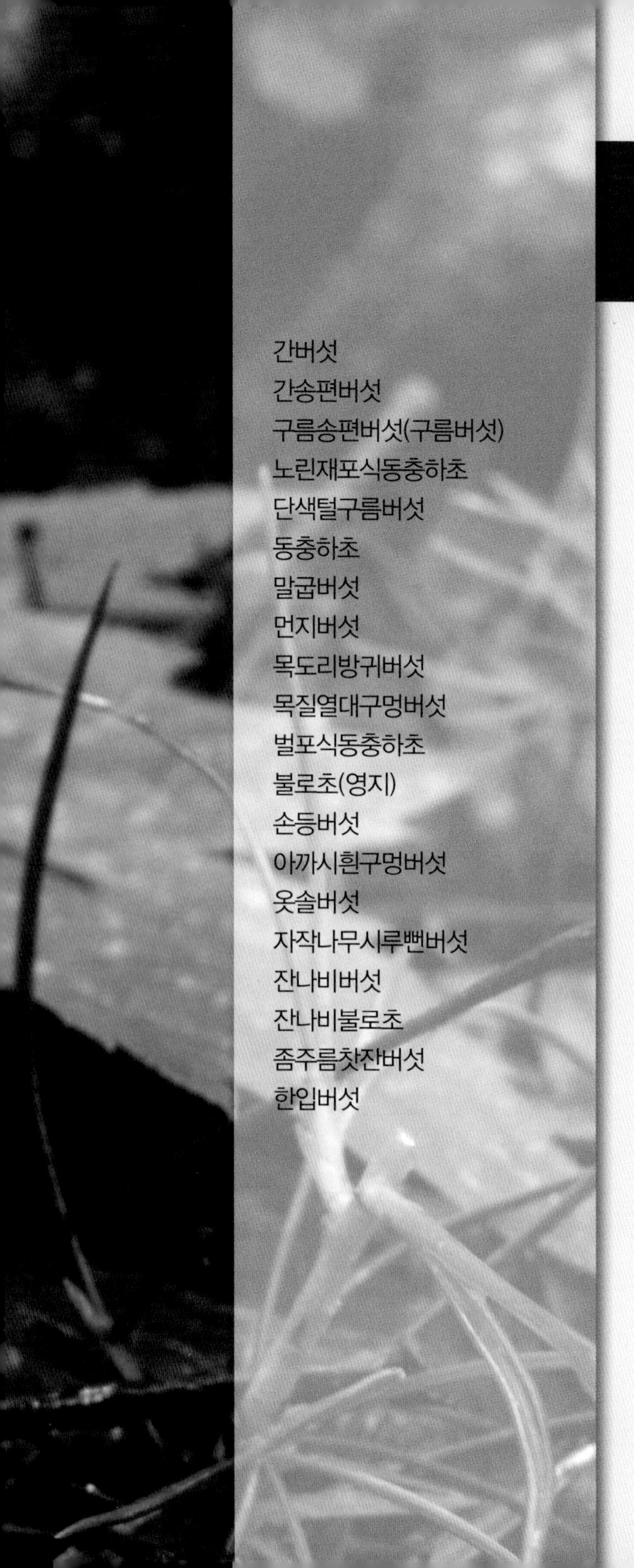

3

약용버섯

- 간버섯
- 간송편버섯
- 구름송편버섯(구름버섯)
- 노린재포식동충하초
- 단색털구름버섯
- 동충하초
- 말굽버섯
- 먼지버섯
- 목도리방귀버섯
- 목질열대구멍버섯
- 벌포식동충하초
- 불로초(영지)
- 손등버섯
- 아까시흰구멍버섯
- 옷솔버섯
- 자작나무시루뻔버섯
- 잔나비버섯
- 잔나비불로초
- 좀주름찻잔버섯
- 한입버섯

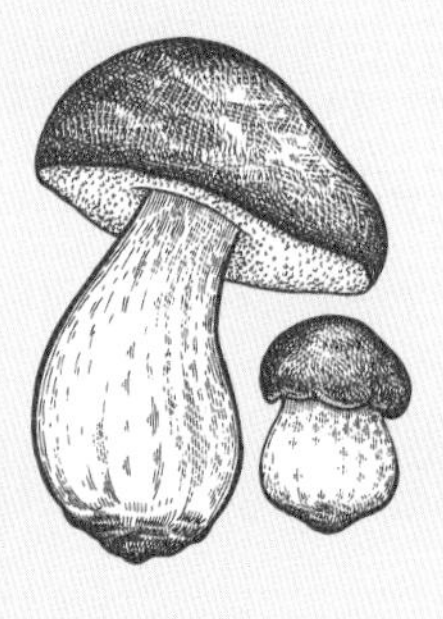

간버섯

간버섯 *Pycnoporus cinnabarinus* (Jacq.) Fr.

- **발생시기** 봄부터 가을
- **발생장소** 활엽수, 침엽수의 고목, 그루터기, 마른 가지 위
- **분포지역** 한국, 전 세계

약용

담자균문	Basidiomycota
주름버섯강	Agaricomycetes
구멍장이버섯목	Polyporales
구멍장이버섯과	Polyporaceae
간버섯속	Pycnoporus

관공은 선홍색이며 관공구는 간송편버섯보다 크다.
대가 없고 기주에 바로 부착한다.

반원형 또는 부채형인 갓

주황색 부채형의 자실체

관공구는 크고 0.1㎝에 2~4개씩이다.

형태적 특징

간버섯 갓의 지름은 5~10㎝ 정도로 반원형 또는 부채형이다. 표면은 편평하고 주홍색을 띤다. 갓 끝은 얇고 예리하며, 조직은 코르크질 또는 가죽처럼 질기다. 관공은 0.5~0.8㎝ 정도이며 선홍색이고, 관공구는 원형 또는 다각형이고 0.1㎝ 사이에 2~4개가 있다. 대는 없고 기주에 부착되어 있다. 포자문은 백색이고 포자 모양은 원통형이다.

발생시기 및 장소

봄부터 가을까지 활엽수, 침엽수의 고목, 그루터기, 마른 가지 위에 홀로 또는 무리지어 발생하며, 부생생활을 하여 목재를 썩힌다.

식용 가능 여부

약용버섯

분포

한국, 전 세계

참고

항종양성이 있어 기관지염, 풍습성 관절염이 있을 때 물에 달여 먹을 수 있는 약용버섯이다.

Tip

간버섯은 이름이 변경된 버섯이다.
주걱간버섯 → **간버섯**

간송편버섯 *Trametes coccinea* (Fr.) Hai J. Li & S.H. He

- **발생시기** 1년 내내
- **발생장소** 침엽수와 활엽수의 죽은 줄기나 가지
- **분포지역** 한국, 전 세계

약용

담자균문	Basidiomycota
주름버섯강	Agaricomycetes
구멍장이버섯목	Polyporales
구멍장이버섯과	Polyporaceae
송편버섯속	Trametes

건조하면 갈홍색을 띤다.

겹쳐서 발생하는 자실체

코르크질의 질긴 조직

대는 없고 기주에 부착해서 발생하는 반원형의 자실체

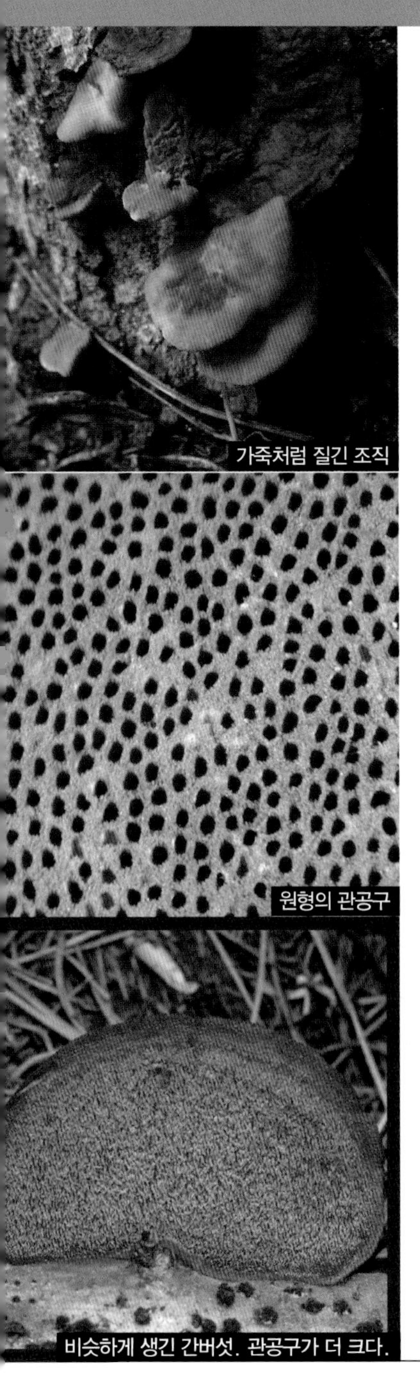
가죽처럼 질긴 조직

원형의 관공구

비슷하게 생긴 간버섯. 관공구가 더 크다.

형태적 특징

간송편버섯의 갓은 지름이 2~15㎝, 두께는 0.2~0.5㎝ 정도이고, 반원형의 부채 모양으로 편평하다. 갓 표면은 매끄럽고, 희미한 환문이 있으며, 선홍색 또는 주홍색을 띤다. 조직은 코르크질 또는 가죽처럼 질기다. 관공은 0.1~0.2㎝ 정도이며, 붉은색이다. 관공구는 원형이며, 0.1㎝ 사이에 6~8개가 있다. 대는 없고 기주에 부착되어 있다. 포자문은 백색이고, 포자 모양은 긴 타원형이다.

발생시기 및 장소

1년 내내 침엽수와 활엽수의 죽은 줄기나 가지에 무리지어 발생하며, 부생생활을 하여 목재를 썩힌다.

식용 가능 여부

약용버섯

분포

한국, 전 세계

참고

항균성분이 있어 화상 염증에 유용하며, 항종양성이 있는 약용버섯으로 이용된다.

간송편버섯은 이름이 변경된 버섯이다.
간버섯 → **간송편버섯**

구름송편버섯
(구름버섯)

구름송편버섯(구름버섯) *Trametes versicolor* (L.) Lloyd

- **발생시기** 1년 내내
- **발생장소** 침엽수, 활엽수의 고목 또는 그루터기
- **분포지역** 한국, 전 세계

약용

담자균문	Basidiomycota
주름버섯강	Agaricomycetes
구멍장이버섯목	Polyporales
구멍장이버섯과	Polyporaceae
송편버섯속	Trametes

어린 자실체는 갓끝에 흰색의 띠가 보인다.

가죽질의 노숙한 자실체

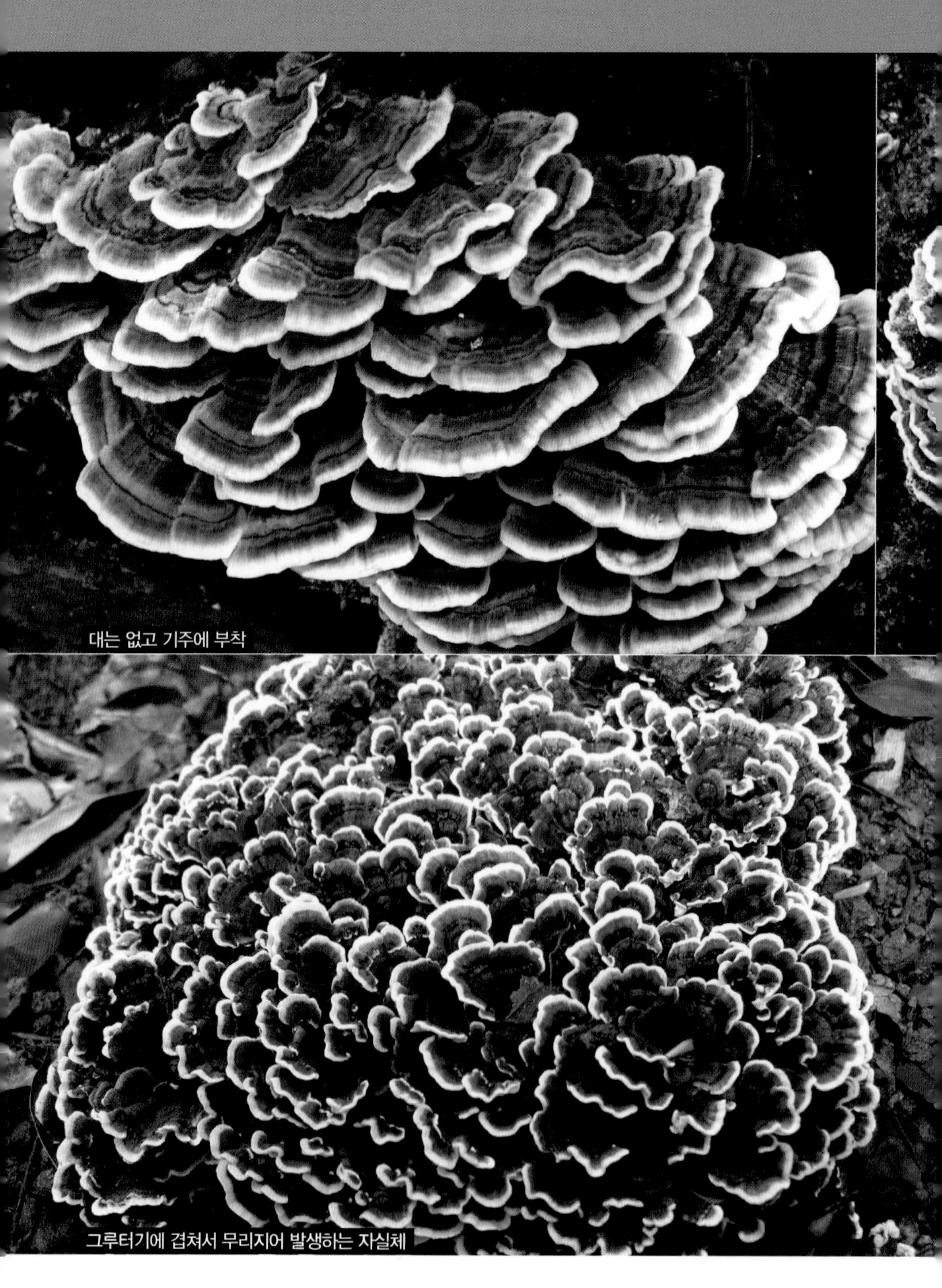

대는 없고 기주에 부착

그루터기에 겹쳐서 무리지어 발생하는 자실체

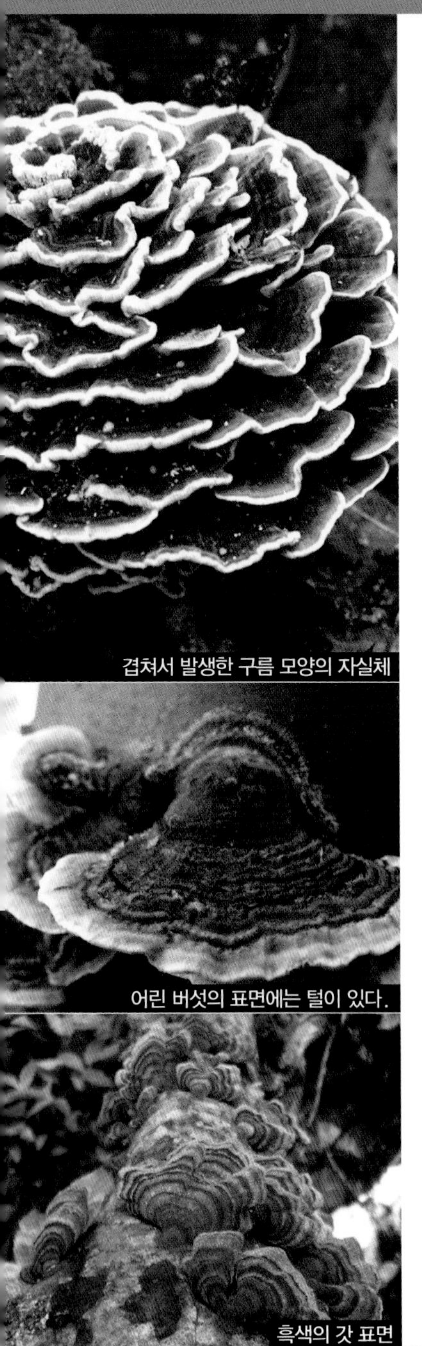
겹쳐서 발생한 구름 모양의 자실체

어린 버섯의 표면에는 털이 있다.

흑색의 갓 표면

형태적 특징

구름송편버섯의 갓은 지름이 1~5㎝, 두께는 0.1~0.3㎝ 정도이며, 반원형으로 얇고, 단단한 가죽처럼 질기다. 표면은 흑색 또는 회색, 황갈색 등의 고리 무늬가 있고, 짧은 털로 덮여 있다. 조직은 백색이며 질기다. 관공은 0.1㎝ 정도이며, 백색 또는 회백색이다. 관공구는 원형이고, 0.1㎝ 사이에 3~5개가 있다. 대는 없고 기주에 부착되어 있다. 포자문은 백색이고, 포자 모양은 원통형이다.

발생시기 및 장소

1년 내내 침엽수, 활엽수의 고목 또는 그루터기에 기왓장처럼 겹쳐서 무리지어 발생하며, 부생생활을 한다.

식용 가능 여부

식용, 약용버섯

분포

한국, 전 세계

참고

버섯 중에서 처음 항암물질인 폴리사카라이드가 발견된 버섯이며, 간염, 기관지염 등에 효능이 있다. 중국에서는 '운지버섯'이라고 부른다.

노린재포식 동충하초

노린재포식동충하초

Ophiocordyceps nutans (Pat.) G. H. Sung, J. M. Sung, Hywel-Jones & Spatafora

- **발생시기** 여름에서 가을 사이
- **발생장소** 죽은 노린재의 머리, 흉부
- **분포지역** 한국, 일본, 대만, 중국

약용

자낭균문	Ascomycota
동충하초강	Sordariomycetes
동충하초목	Hypocreales
잠자리동충하초과	Ophiocordycipitaceae
포식동충하초속	Ophiocordyceps

검은색의 광택이 나는 대

두부는 등황색이며 대는 불규칙하게 굽어있다.

노린재에 발생한 자실체

자실층인 머리 부분은 어릴 때 붉은색을 띤다.

형태적 특징

노린재포식동충하초의 자실체는 일반적으로 노린재의 성충의 머리, 흉부에 발생하는데 대부분 1개가 발생하나 드물게는 2개 이상 발생한다. 자실체는 두부와 대로 나누어지며, 자실층인 두부의 길이는 3~6㎝ 정도로 긴 타원형이며, 등황색을 띤다. 대는 3~10㎝ 정도이고, 가늘고 길며, 불규칙하게 굽어 있다. 위쪽은 등황색을 띠나 기부 쪽은 검은색이고, 약간 광택이 난다. 조직은 단단하고 질기며, 가죽질이다. 포자 모양은 원주형이다.

발생시기 및 장소

여름에서 가을 사이에 나며 죽은 노린재의 머리, 흉부에 기생생활한다.

식용 가능 여부

약용버섯

분포

한국, 일본, 대만, 중국

참고

피자기는 사면으로 완전매몰형이다.

단색털구름버섯

단색털구름버섯 *Cerrena unicolor* (Bull.) Murrill

- **발생시기** 1년 내내
- **발생장소** 침엽수, 활엽수의 고목 또는 그루터기
- **분포지역** 한국, 일본, 중국 등 북반구 일대

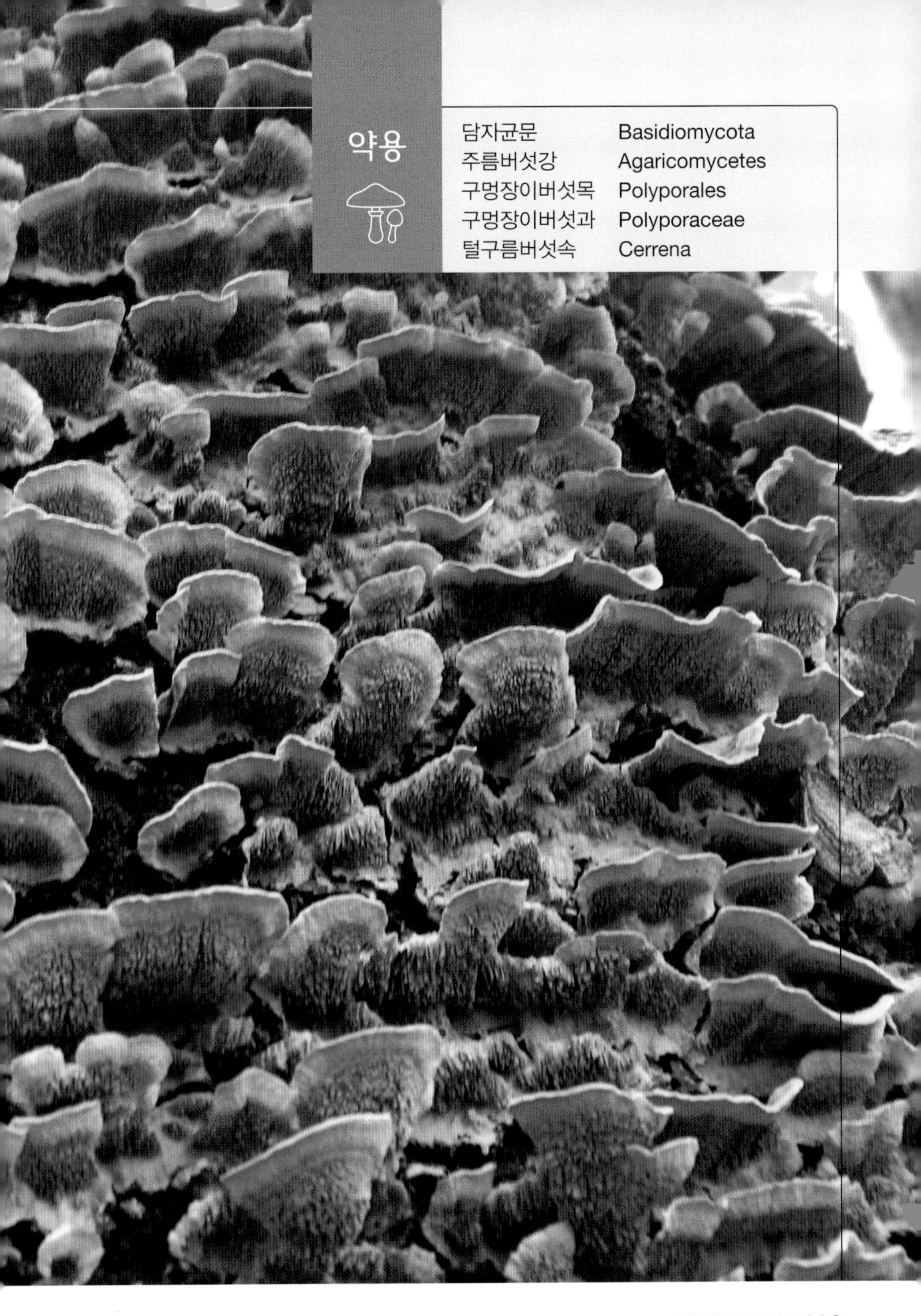

약용

담자균문	Basidiomycota
주름버섯강	Agaricomycetes
구멍장이버섯목	Polyporales
구멍장이버섯과	Polyporaceae
털구름버섯속	Cerrena

대가 없이 기주에 부착
짧은 털로 뒤덮여 있고, 고리무늬가 있다.

미로상의 자실층을 가진다.
단단한 가죽질의 자실체
반원형의 갓

형태적 특징

단색털구름버섯의 갓은 지름이 1~5㎝, 두께는 0.1~0.5㎝ 정도이며, 반원형으로 얇고 단단한 가죽처럼 질기다. 표면은 회백색 또는 회갈색으로 녹조류가 착생하여 녹색을 띠며, 고리 무늬가 있고, 짧은 털로 덮여 있다. 조직은 백색이며 질긴 가죽질이다. 대는 없고, 기주에 부착되어 생활한다. 관공은 0.1㎝ 정도이며, 초기에는 백색이나 차차 회색 또는 회갈색이 된다. 관공구는 미로로 된 치아상이다. 포자문은 백색이고, 포자 모양은 타원형이다.

발생시기 및 장소

1년 내내 침엽수, 활엽수의 고목 또는 그루터기에 기왓장처럼 겹쳐서 무리지어 발생하며, 부생생활을 한다.

식용 가능 여부

약용버섯

분포

한국, 일본, 중국 등 북반구 일대

참고

항종양제의 효능이 있다.

동충하초

동충하초 *Cordyceps militaris* (Vuill.) Fr.

- **발생시기** 봄에서 가을까지
- **발생장소** 죽은 나방류 등의 번데기 머리 또는 복부
- **분포지역** 한국, 전 세계

자좌는 원통형이다.
나방류 번데기에 발생하는 자실체

자낭균문	Ascomycota
동충하초강	Sordariomycetes
동충하초목	Hypocreales
동충하초과	Cordycipitaceae
동충하초속	Cordyceps

형태적 특징 ·
동충하초는 나방류 번데기 속에 기생하여 내생균핵을 형성하고, 성장하면 번데기 밖으로 자라서 곤봉형 또는 여러 가지 모양의 자좌(stroma)를 형성하는 버섯이다. 자좌의 길이는 3~10㎝ 정도로 원통형 또는 긴 곤봉형이다. 대는 1개 또는 여러 개의 분지가 있으며, 크기는 1~6㎝ 정도이고, 원통형이며 등황색을 띠고, 기부로 갈수록 옅어진다. 자실층은 자실체 상부에 있으며, 하부의 대와 경계가 불분명하다. 포자 모양은 원주상 방추형이다.

발생시기 및 장소 · 봄에서 가을까지 죽은 나방류 등의 번데기 머리 또는 복부에 기생생활을 한다.

식용 가능 여부 · 식용, 약용버섯으로 이용한다. 재배도 하고 있다.

분포 · 한국, 전 세계

참고 · 곤충의 애벌레 상태에서 숙주에 침입한 후 균사가 성장하면서 곤충을 죽이고 버섯(자실체)을 낸다. 따라서 겨울에는 벌레이던 것이 여름에는 버섯으로 변한다는 뜻에서 동충하초란 이름이 붙여졌다.

말굽버섯

말굽버섯 *Fomes fomentarius* (L.) Gillet

- **발생장소** 고목 또는 살아 있는 나무의 껍질
- **분포지역** 한국, 북반구 온대 이북

말굽 형태를 띠고 있는 자실체
관공은 여러 층으로 형성되며 회백색을 띤다.
다년생의 버섯으로 겨울에 쉽게 눈에 띈다.

담자균문	Basidiomycota
주름버섯강	Agaricomycetes
구멍장이버섯목	Polyporales
구멍장이버섯과	Polyporaceae
말굽버섯속	Fomes

형태적 특징

말굽버섯은 다년생이며 갓의 지름이 5~50㎝ 정도의 대형버섯으로 두께 3~20㎝ 정도까지 자란다. 버섯 전체가 딱딱한 말굽형이거나 반구형이고, 두꺼운 각피로 덮여 있다. 표면은 회백색 또는 회갈색이고, 동심원상의 파상형 선이 있다. 조직은 황갈색이고 가죽질이다. 관공은 여러 개의 층으로 형성되며, 회백색을 띤다. 포자문은 백색이며, 포자 모양은 긴 타원형이다.

발생시기 및 장소

고목 또는 살아 있는 나무의 껍질에 홀로 발생하며, 목재를 썩히는 부생생활을 한다.

식용 가능 여부

약용과 항암버섯으로 이용된다.

분포

한국, 북반구 온대 이북

참고

말발굽 형태이며, 갓 표면에는 회갈색의 파상형 선이 나타나는 특성이 있다.

먼지버섯

먼지버섯 *Astraeus hygrometricus* (Pers.) Morgan

- **발생시기** 봄부터 가을까지
- **발생장소** 숲 속이나 공터
- **분포지역** 한국, 전 세계

약용

담자균문	Basidiomycota
주름버섯강	Agaricomycetes
그물버섯목	Boletales
먼지버섯과	Diplocystidiaceae
먼지버섯속	Astraeus

외피가 별모양을 이루는 자실체

외피는 습하면 펼쳐지고 건조하면 안쪽으로 다시 감긴다.

숲 속의 낙엽 주변에 흩어져 발생하는 자실체

늦가을에 볼 수 있는 버섯이다.

형태적 특징

먼지버섯의 자실체는 알 상태일 때 지름이 2~3㎝ 정도로, 편평한 구형이고, 회갈색 또는 흑갈색이며, 절반은 땅속에 묻혀 있다. 성숙하면 두껍고 단단한 가죽질인 외피가 7~10개의 조각으로 쪼개져 별 모양으로 바깥쪽으로 뒤집어지고 내부의 얇은 껍질로 덮인 공 모양의 주머니를 노출시킨다. 성숙하면 위쪽의 구멍으로 포자들을 비산시킨다. 별 모양의 외피는 건조하면 안쪽으로 다시 감기고, 외피가 찌그러지면서 포자의 방출을 돕는다. 포자는 구형이며, 갈색이다.

발생시기 및 장소

봄부터 가을까지 숲 속이나 공터 등에 흩어져 발생한다.

식용 가능 여부

이용 가치가 적으나 약용으로 이용되기도 한다.

분포

한국, 전 세계

목도리방귀버섯

목도리방귀버섯 *Geastrum triplex* Jungh.

- **발생시기** 여름부터 가을까지
- **발생장소** 혼합림 내 낙엽, 부식질의 땅 위
- **분포지역** 한국, 전 세계

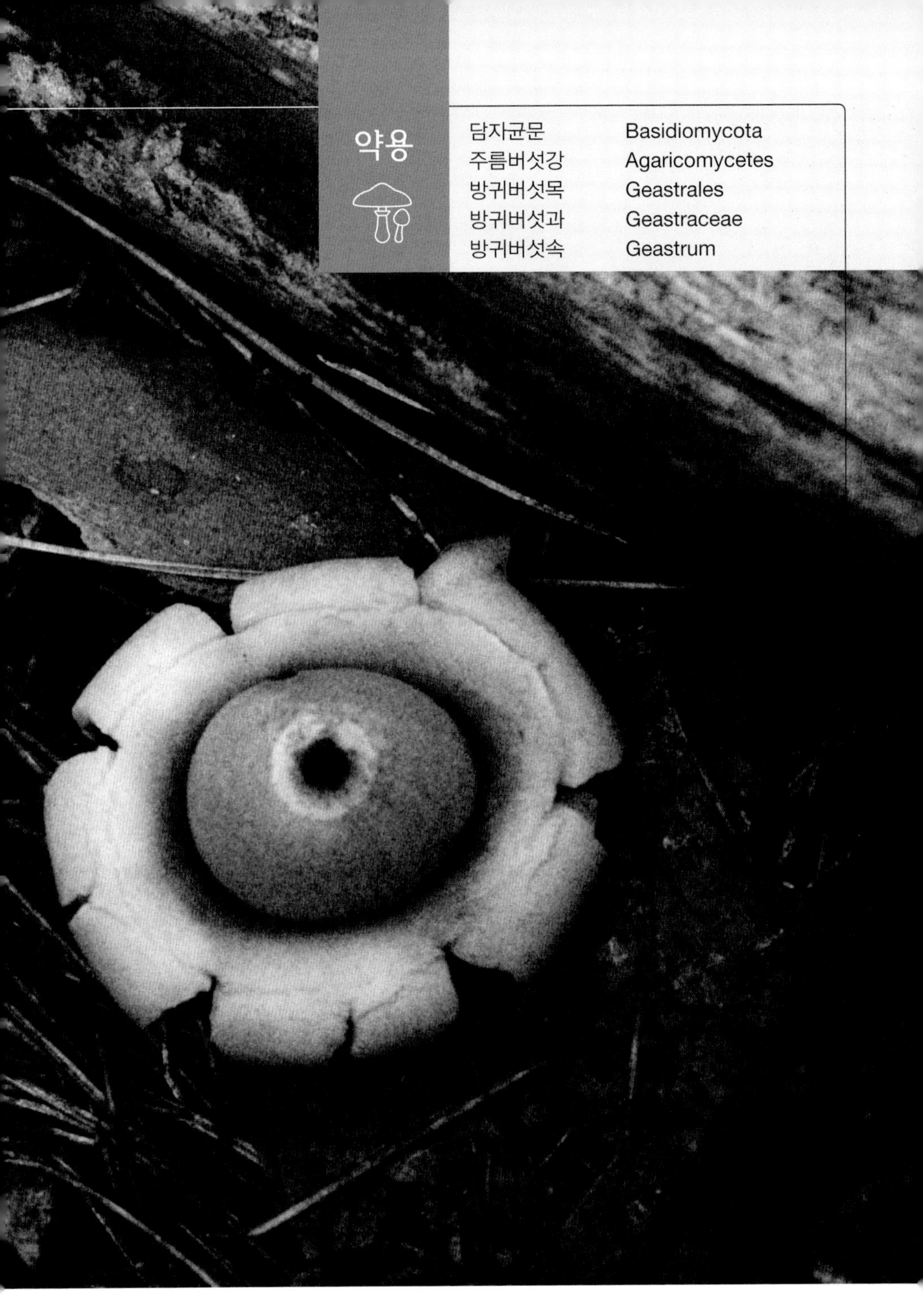

약용

담자균문	Basidiomycota
주름버섯강	Agaricomycetes
방귀버섯목	Geastrales
방귀버섯과	Geastraceae
방귀버섯속	Geastrum

도토리 모양의 자실체

낙엽, 부식질의 땅 위에 흩어져 발생

기본체 위쪽의 구멍을 통해 포자를 날린다.

기본체 위쪽의 포자 비산 구멍

형태적 특징 •

목도리방귀버섯의 지름은 3~4㎝ 정도이며 구형이다. 외피는 황록색이며, 5~7조각의 별 모양으로 갈라진다. 갈라진 외피는 2개의 층으로 나뉘는데, 바깥층은 얇은 피질, 안층은 두꺼운 육질로 이루어져 있다. 회백색의 내피가 뒤집어지면 포자가 포함된 기본체가 노출된다. 도토리 같은 기본체의 위쪽에는 구멍이 있는데 여기를 통해서 포자를 비산시킨다. 포자는 구형이며 표면에 침상 돌기가 있다.

발생시기 및 장소 •

여름부터 가을까지 혼합림 내 낙엽, 부식질의 땅 위에 흩어져 발생한다.

식용 가능 여부 •

약용버섯

분포 •

한국, 전 세계

목질열대구멍버섯
(목질진흙버섯·상황버섯)

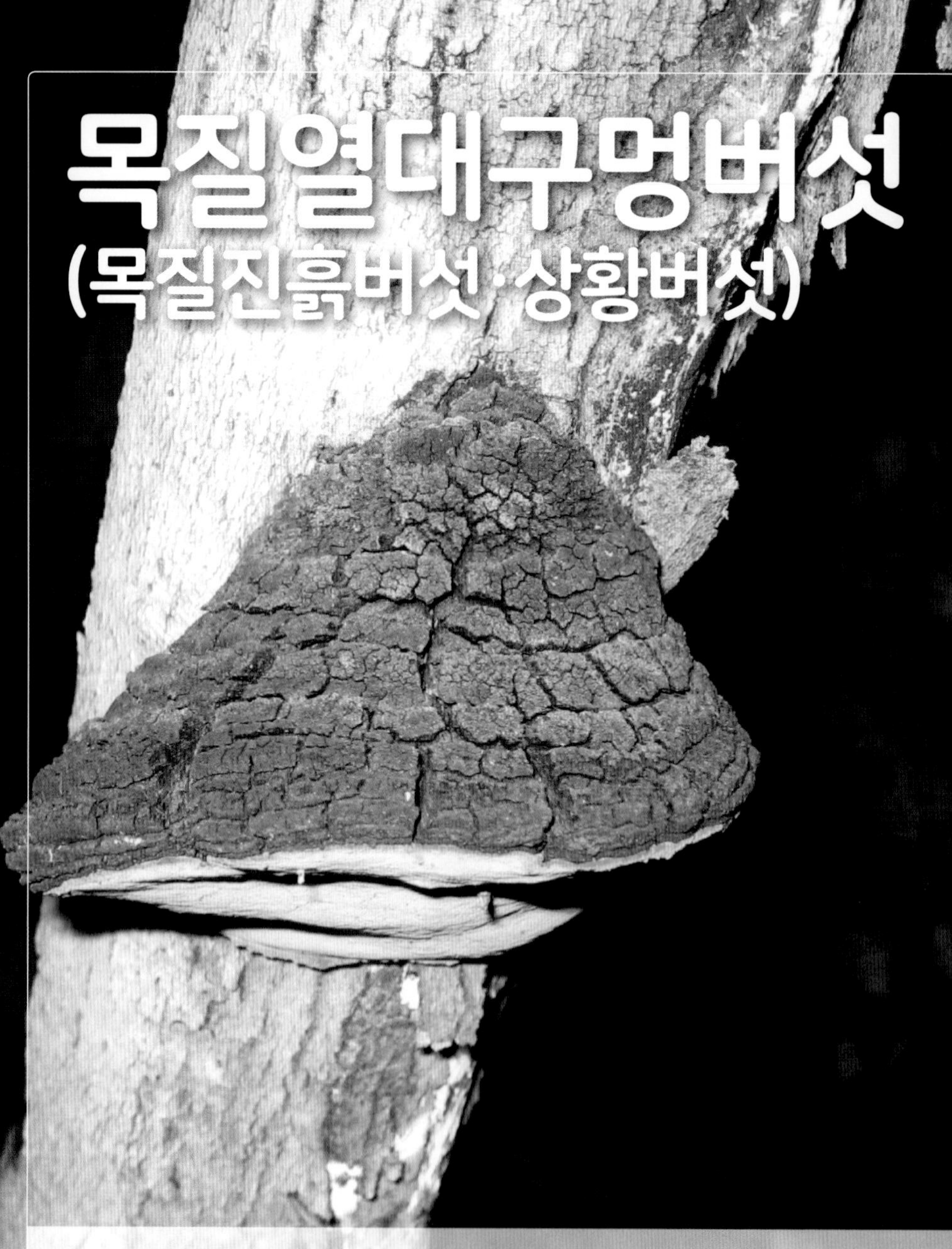

목질열대구멍버섯 *Tropicoporus linteus* (Berk. & M.A. Curtis) L.W. Zhou & Y.C. Dai

- **발생장소** 고목에 홀로 발생
- **분포지역** 한국, 아시아, 오스트레일리아, 필리핀, 북아메리카

자실층은 황갈색이며 다층이다.

말굽형의 대가 없는 자실체

담자균문	Basidiomycota
주름버섯강	Agaricomycetes
소나무비늘버섯목	Hymenochaetales
소나무비늘버섯과	Hymenochaetaceae
열대구멍버섯속	Tropicoporus

형태적 특징 · 목질열대구멍버섯의 갓은 목질로 너비 5~20㎝, 두께는 2~10㎝ 정도로 반원형, 편평형, 말굽형 등 다양한 모양이다. 표면은 검은 갈색의 짧은 털이 있으나 점차 없어지고, 딱딱한 각피질이 되며, 흑갈색 고리 홈선과 가로와 세로로 등이 갈라진다. 갓 둘레는 생육 때는 선명한 황색이다. 대는 없고, 자실층 하면의 관공은 황갈색이며, 다층이다. 각층의 두께는 0.2~0.4㎝ 정도이다. 관공구는 미세하고, 원형이며, 황색이다. 포자문은 연한 황갈색이며 포자 모양은 유구형이다. **발생시기 및 장소** · 고목에 홀로 발생하며, 부생생활을 하는 다년생 버섯이다. **식용 가능 여부** · 약용을 하는데 항암 효과가 96.7%나 되는 귀중한 약재로 국내에서 재배도 한다. **분포** · 한국, 아시아, 오스트레일리아, 필리핀, 북아메리카 **참고** · 뽕나무에서 난다고 하여 흔히 상황버섯이라고 부르지만 목질열대구멍버섯은 뽕나무 외에도 자작나무, 산벚나무 등 대부분 활엽수의 입목이나 고목 위에 홀로 발생하는 목재부후성 버섯이다.

Tip

목질열대구멍버섯은 이름이 변경된 버섯이다.
목질진흙버섯 → **목질열대구멍버섯**

벌포식동충하초

벌포식동충하초 *Ophiocordyceps sphecocephala* (Klotzsch ex Berk.) G. H. Sung, J. M. Sung, Hywel-Jones & Spatafora

- **발생시기** 봄에서 가을 사이
- **발생장소** 벌의 머리에 기생
- **분포지역** 한국, 일본, 대만, 중국, 유럽

약용

자낭균문	Ascomycot
동충하초강	Sordariomycetes
동충하초목	Hypocreales
잠자리동충하초과	Ophiocordycipitaceae
포식동충하초속	Ophiocordyceps

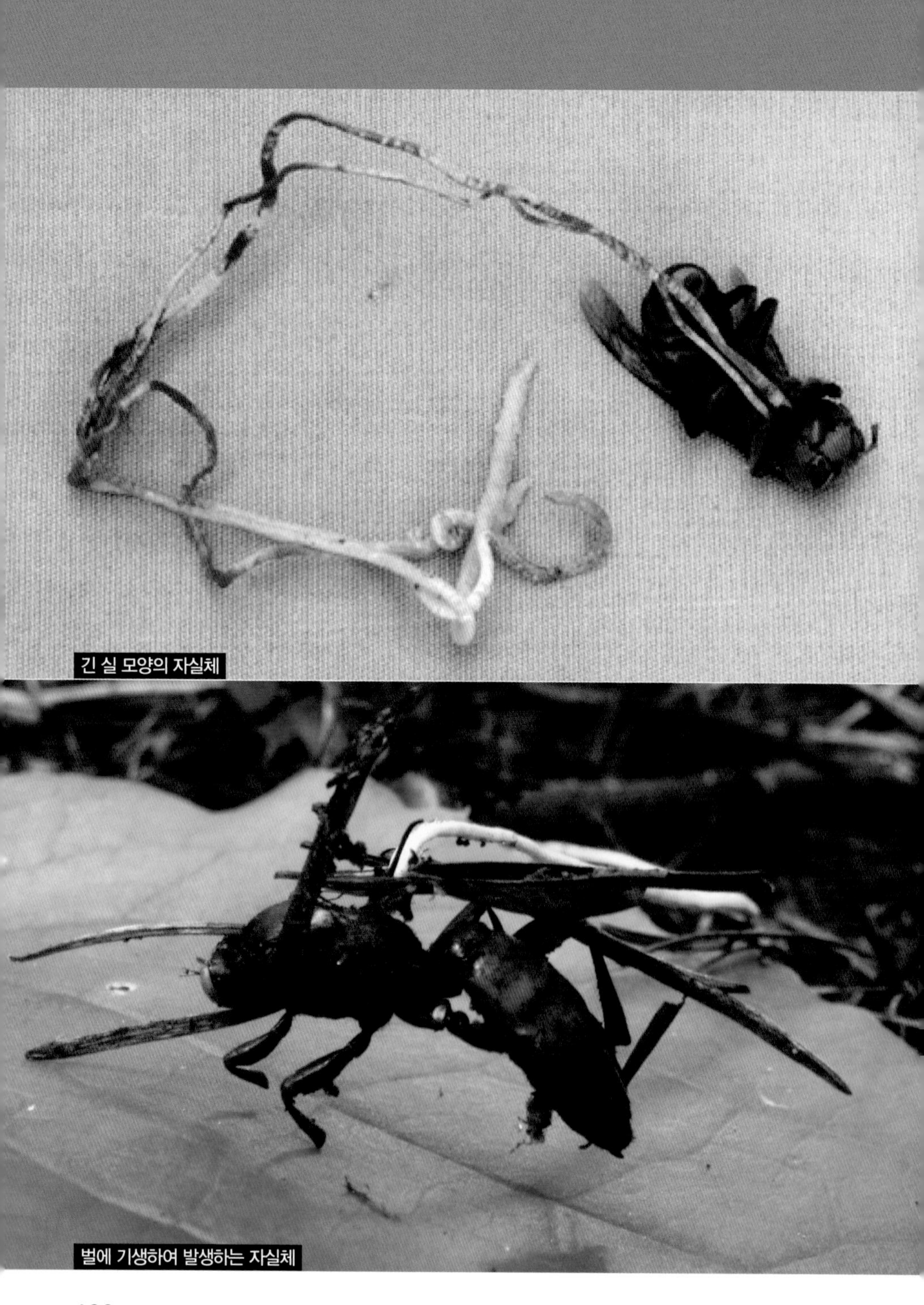

긴 실 모양의 자실체

벌에 기생하여 발생하는 자실체

대와 자낭두부의 경계가 없는 자실체

벌에 기생하여 발생하는 자실체

원통형인 대

형태적 특징 •

벌포식동충하초의 자실체는 기주인 벌 종류의 성충 머리 부위에 일반적으로 1개 발생한다. 두부는 길이가 0.5㎝ 정도로 원통형이며, 정단부는 둥근 모양이고 연한 등황색을 띤다. 대의 길이는 3~8㎝ 정도로 긴 실 모양이고 굽어 있으며, 연한 황토색을 띠고 매끄럽다. 두부와 대는 확실한 경계가 없다. 포자 모양은 긴 타원형이다.

발생시기 및 장소 •

봄에서 가을 사이에 벌의 머리에 기생생활한다.

식용 가능 여부 •

약용버섯

분포 •

한국, 일본, 대만, 중국, 유럽

참고 •

종종 땅속에서 발견되는데, 땅속에서 발견되는 것이 땅 위에 나온 것보다 대의 길이가 길다.

불로초(영지)

불로초(영지) *Ganoderma lucidum* (Curtis) P. Karst.

- **발생시기** 여름부터 가을까지
- **발생장소** 활엽수의 생목 밑동이나 그루터기
- **분포지역** 한국, 일본, 중국 등 북반구 온대 이북

갓은 옻칠을 한 것과 같은 광택이 있다.
동심원상의 고리 홈선이 있다.

갓이 형성되지 않은 어린 자실체

불로초(재배)

활엽수 그루터기에서 발생하는 적갈색의 자실체

편심형의 갓

형태적 특징

불로초 갓의 지름은 5~20㎝, 두께는 1~3㎝ 정도이며, 원형 또는 콩팥형이다. 버섯 전체가 옻칠을 한 것처럼 광택이 난다. 표면은 적갈색이고, 갓 둘레는 생장하는 동안은 광택이 나는 황색이며, 동심원상의 얕은 고리 홈선이 있다. 조직은 단단한 목질로 2층으로 되어 있는데 상층은 백색이고, 아래층은 갈황색이다. 관공은 1층이며, 길이는 0.5~1㎝ 정도이며, 관공구는 원형이다. 대의 길이는 2~10㎝ 정도로 검은 적갈색으로 휘어져 있으며, 측생이다. 포자문은 갈색이고 포자 모양은 난형이다.

발생시기 및 장소

여름부터 가을까지 활엽수의 생목 밑동이나 그루터기 위에 무리지어 나거나 홀로 발생하며, 부생생활을 한다.

식용 가능 여부

약용과 항암작용이 있고, 농가에서 재배되고 있다.

분포

한국, 일본, 중국 등 북반구 온대 이북

손등버섯

손등버섯 *Postia tephroleuca* (Fr.) Jülich

- **발생시기** 봄부터 가을까지
- **발생장소** 활엽수의 고목, 그루터기, 부러진 가지
- **분포지역** 한국, 일본, 중국 등 북반구 온대와 남반구 온대

담자균문	Basidiomycota
주름버섯강	Agaricomycetes
구멍장이버섯목	Polyporales
잔나비버섯과	Fomitopsidaceae
손등버섯속	Postia

반원형의 갓 표면은 백색의 털이 밀포
관공은 원형 또는 부정형이다.
반원형으로 백색 또는 담황색인 갓 표면

형태적 특징

손등버섯 갓의 지름은 2~10㎝ 정도이고, 두께는 0.5~2㎝ 정도이며, 반원형이다. 표면은 백색 또는 담황색이다. 조직은 질기고, 백색이다. 관공은 어린 버섯에서는 잘 보이지 않으나 성장하면 0.5~1㎝ 정도이며, 연한 황색이다. 관공구는 원형 또는 부정형이다. 대는 없고 기주에 부착되어 생활한다. 포자문은 백색이고, 포자 모양은 원통형이다.

발생시기 및 장소

봄부터 가을까지 활엽수의 고목, 그루터기, 부러진 가지 위에 무리지어 나거나 홀로 발생하며, 부생생활을 한다.

식용 가능 여부

식용은 불분명하나, 약용으로 사용되기도 한다.

분포

한국, 일본, 중국 등 북반구 온대와 남반구 온대

참고

항종양, 항암 등 널리 약용버섯으로 이용된다.

아까시흰구멍버섯

아까시흰구멍버섯 *Perenniporia fraxinea* (Bull.) Ryvarden

- **발생시기** 봄부터 가을까지
- **발생장소** 벚나무, 아까시나무 등 활엽수의 살아 있는 나무 밑동
- **분포지역** 한국, 일본 등 북반구 온대 이북

자실층은 미색을 띤다.

반원형의 갓에 환문이 있다.

어린 자실체는 갓 끝이 황색을 띤다.

겹쳐서 발생한 자실체

아까시나무 그루터기에 발생한 자실체

살아있는 나무 밑동에 무리지어 발생

코르크질의 조직

형태적 특징

아까시흰구멍버섯은 1년생으로 갓은 지름이 5~20㎝, 두께가 1~2㎝ 정도이고, 처음에는 반구형이며 연한 황색 또는 난황색의 혹처럼 덩어리진 모양으로 발생하였다가 성장하면서 반원형으로 편평해진다. 갓 표면은 적갈색이나 차차 흑갈색이 되며 각피화된다. 갓 가장자리는 성장하는 동안 연한 황색이고, 환문이 있다. 조직은 코르크질이고 연한 황갈색이다. 자실층은 황색에서 회백색으로 되며, 상처를 입으면 검은 갈색의 얼룩이 생긴다. 관공은 1개의 층으로 형성되며, 길이는 0.3~1㎝ 정도이고, 관공구는 원형으로 조밀하다. 포자문은 백색이며, 포자 모양은 난형이고 두꺼운 벽을 가지고 있다.

발생시기 및 장소

봄부터 가을까지 벚나무, 아까시나무 등 활엽수의 살아 있는 나무 밑동에 무리지어 발생하며, 목재를 썩히는 부생생활을 한다.

식용 가능 여부

약용버섯

분포

한국, 일본 등 북반구 온대 이북

참고

1년생 버섯으로 주로 아까시나무에 피해를 준다.

옷솔버섯

옷솔버섯 *Trichaptum abietinum* (Dicks.) Ryvarden

- **발생시기** 1년 내내
- **발생장소** 소나무, 가문비나무 등 침엽수의 생목, 고목, 마른 가지 위
- **분포지역** 한국, 중국 등 북반구 온대 이북

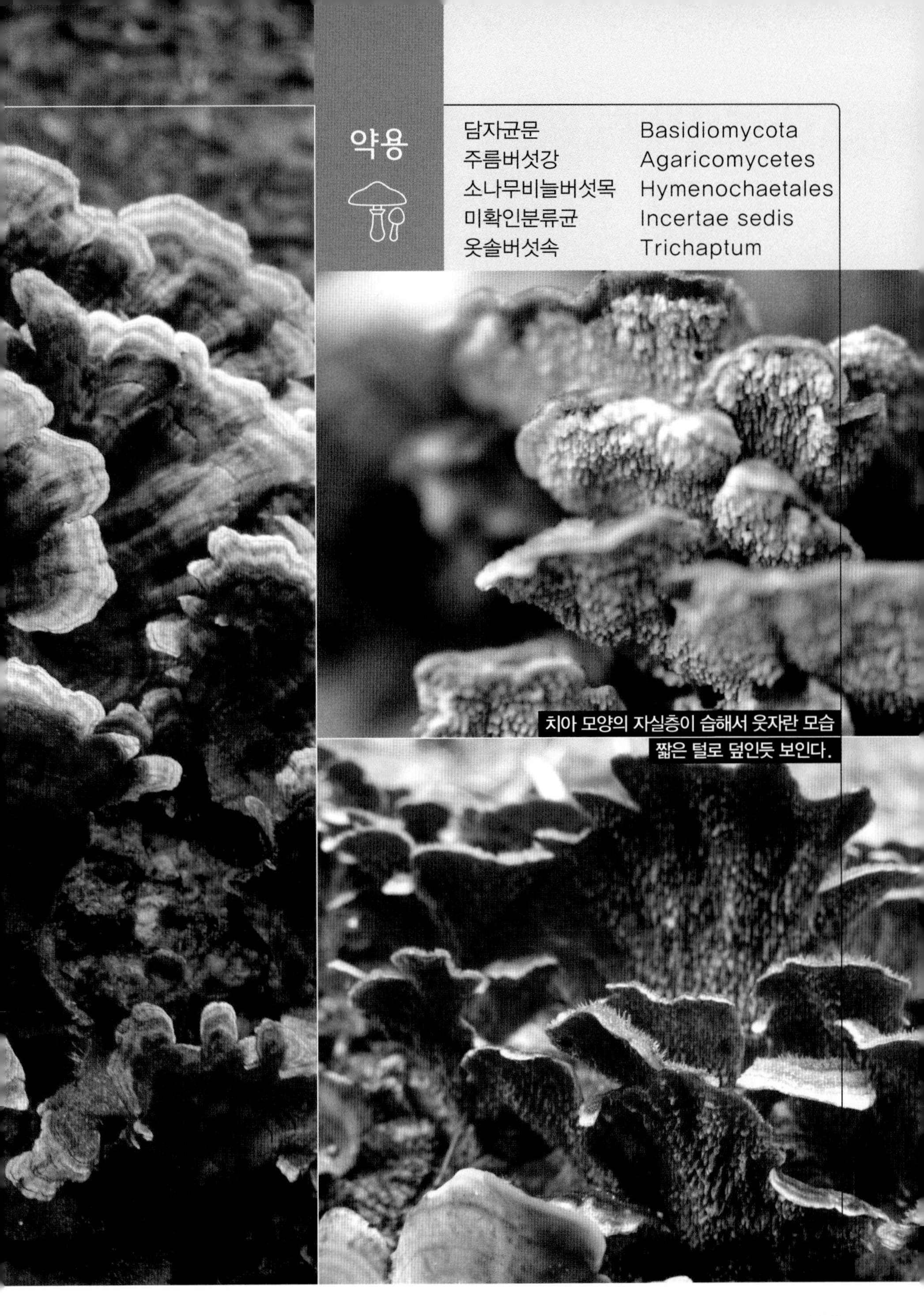

치아 모양의 자실층이 습해서 웃자란 모습
짧은 털로 덮인듯 보인다.

겹쳐서 발생한 자실체

갓 표면에 회백색의 짧은 털이 있는 자실체

갓 끝은 싱싱할 때 연보라색을 띤다.
나무를 썩게 만든다
대가 없이 기주에 붙어 난다.

형태적 특징

옷솔버섯의 갓은 지름이 1~2㎝, 두께가 0.1~0.2㎝ 정도이며, 반원형이다. 여러 개가 겹쳐서 나며 표면에는 희미한 고리 무늬가 있고, 짧은 털로 덮여 있으며, 백색 또는 회백색이다. 갓 끝은 톱니 모양이고, 조직은 아교질을 가진 가죽처럼 질기고, 백황색 또는 검은색이다. 관공은 짧고 작으며 치아 모양이고, 관공구는 원형이며, 연한 홍색에서 점차 퇴색된다. 대는 없고 갓이 기주에 붙어 있다. 포자문은 백색이고, 포자 모양은 타원형이다.

발생시기 및 장소

1년 내내 소나무, 가문비나무 등 침엽수의 생목, 고목, 마른 가지 위에 겹쳐서 발생하며, 부생생활을 해서 목재를 썩힌다.

식용 가능 여부

약용버섯

분포

한국, 중국 등 북반구 온대 이북

참고

약용과 항암작용이 있다.

자작나무시루뻔버섯(차가버섯)

자작나무시루뻔버섯 *Inonotus obliquus* (Ach. ex Pers.) Pilát

- **발생장소** 자작나무 등 활엽수의 생목이나 고사목
- **분포지역** 한국, 시베리아, 북아메리카, 북유럽

담자균문	Basidiomycota
주름버섯강	Agaricomycetes
소나무비늘버섯목	Hymenochaetales
소나무비늘버섯과	Hymenochaetaceae
시루뻔버섯속	Inonotus

표면은 거북등과 같이 갈라져 있다.

자실체는 자작나무 수피 아랫부분에 발생

형태적 특징 • 자작나무시루뻔버섯의 일반적으로 관찰되는 덩어리 부분은 불완전세대로 불규칙한 균핵형이다. 크기는 9~25㎝이고, 표면은 암갈색 또는 검은색으로 거북등과 같이 갈라져 있다. 조직은 쉽게 부서지고, 자르면 검은색으로 변색된다. 자실층은 배착형이며, 표면은 관공형이다. 종종 수피 아랫부분에 군데군데 발생되며, 크기는 1~10㎝ 정도의 불규칙한 조각형태이고, 두께는 0.5~1㎝이다. 자실층의 색은 어릴 때는 백색을 띠나 갈색으로 변하며, 오래되면 암갈색을 띤다. 관공구는 각진형이거나 타원형이고, 길이는 약 1㎝이며, 관공수는 0.1㎝당 3~5개이다. 자실층 형성 균사층은 드물게 발달되기도 한다. 조직은 싱싱할 때 부드럽거나 코르크질이고, 건조하면 딱딱해지고, 쉽게 부서진다. 포자는 2가지 형태이다. 후막포자는 난형이며, 올리브갈색을 띠며, 담자포자는 광학현미경 하에서 무색이며, 타원형이다. **발생시기 및 장소** • 자작나무 등 활엽수의 생목이나 고사목에 발생하며, 목재를 백색으로 썩히는 부생생활을 한다. **식용 가능 여부** • 약용버섯 **분포** • 한국, 시베리아, 북아메리카, 북유럽 등 자작나무가 자생할 수 있는 지역에 분포한다.

조직은 딱딱하고 쉽게 부서진다.

잔나비버섯

잔나비버섯 *Fomitopsis pinicola* (Sw.) P. Karst.

- **발생장소** 주로 침엽수의 고목 또는 살아 있는 나무 위
- **분포지역** 한국, 일본, 중국 등 북반구 온대 이북

주로 침엽수에 자생하며 관공은 황백색을 띤다.

담자균문	Basidiomycota
주름버섯강	Agaricomycetes
구멍장이버섯목	Polyporales
잔나비버섯과	Fomitopsidaceae
잔나비버섯속	Fomitopsis

형태적 특징 ·

잔나비버섯은 다년생으로 갓의 지름이 5~50㎝ 정도의 대형 버섯으로 두께 3~30㎝ 정도까지 자란다. 처음에는 반구형이나 성장하면서 편평한 말굽형이 되고, 표면에 각피가 있다. 갓의 색깔은 백색이나 점차 적갈색 또는 회갈색이 되고, 생장 과정을 나타내는 환문이 있다. 조직은 백색이고 목질이다. 자실층은 황백색이고, 관공은 여러 개의 층으로 형성되며, 관공구는 원형이다. 포자문은 백색이며, 포자 모양은 타원형이다.

발생시기 및 장소 ·

주로 침엽수의 고목 또는 살아 있는 나무 위에 발생하는 다년생 버섯이다.

식용 가능 여부 ·

약용과 항암버섯으로 이용된다.

분포 ·

한국, 일본, 중국 등 북반구 온대 이북

참고 ·

다년생 버섯으로 생장은 주로 여름부터 가을까지 한다.

비슷하게 생긴 잔나비불로초

잔나비불로초

잔나비불로초 *Ganoderma applanatum* (Pers.) Pat.

- **발생시기** 봄부터 가을 사이
- **발생장소** 활엽수의 고사목이나 썩어가는 부위에
- **분포지역** 한국, 전 세계

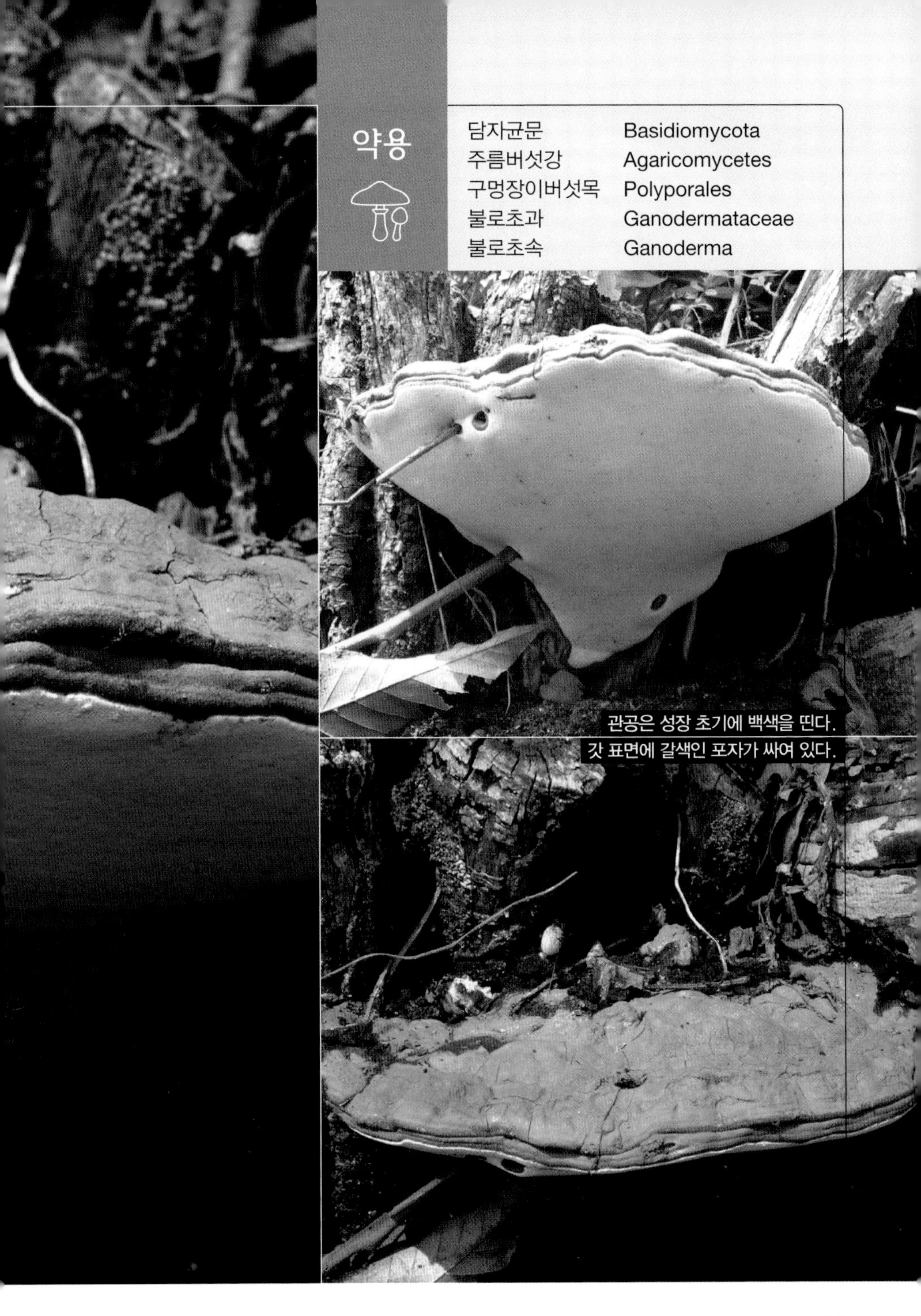

관공은 성장 초기에 백색을 띤다.

갓 표면에 갈색인 포자가 싸여 있다.

다년생의 버섯으로 자랄 때마다 동심원상의 줄무늬가 생긴다.

참나무 등 활엽수 그루터기에 자생한다.

말굽형의 갓

단단한 목질의 조직

형태적 특징

잔나비불로초의 갓은 지름이 5~50㎝ 정도이고, 두께가 2~5㎝로 매년 성장하여 60㎝가 넘는 것도 있으며, 편평한 반원형 또는 말굽형이다. 갓 표면은 울퉁불퉁한 각피로 덮여 있고 동심원상 줄무늬가 있으며, 색깔은 황갈색 또는 회갈색을 띤다. 종종 적갈색의 포자가 덮여 있다. 갓 하면인 자실층은 성장 초기에는 백색이나 성숙하면서 회갈색으로 변하나, 만지거나 문지르면 갈색으로 변한다. 조직은 단단한 목질이며, 관공구는 원형으로 여러 층에 있으며, 지름이 1㎝ 정도이다. 대는 없고, 기주 옆에 붙어 생활한다. 포자문은 갈색이고, 포자 모양은 난형이다.

발생시기 및 장소

봄부터 가을 사이에 활엽수의 고사목이나 썩어가는 부위에 발생하며, 다년생으로 1년 내내 목재를 썩히며 성장한다.

식용 가능 여부

약용버섯

분포

한국, 전 세계

참고

북한명은 넓적떡다리버섯이며, 외국에서는 갓의 폭이 60㎝ 이상 되는 것도 있어 원숭이들이 버섯 위에서 놀기도 한다고 한다.

좀주름찻잔버섯

좀주름찻잔버섯 *Cyathus stercoreus* (Schwein.) De Toni

- **발생시기** 이른 봄부터 늦가을까지
- **발생장소** 퇴비, 볏짚, 목재, 죽은 나뭇가지, 그루터기, 모래 등
- **분포지역** 한국, 전 세계

약용

담자균문	Basidiomycota
주름버섯강	Agaricomycetes
주름버섯목	Agaricales
주름버섯과	Agaricaceae
주름찻잔버섯속	Cyathus

상단부가 컵 모양이며 성숙하면 막이 벗겨진다.

두꺼운 털에 싸인 외피

미성숙된 어린 자실체

벼짚 등 유기물에 무리지어 발생

형태적 특징

좀주름찻잔버섯의 자실체는 찻잔 모양 또는 컵 모양이며 폭은 0.5~1㎝, 길이는 1㎝ 정도이고 황갈색 또는 회갈색을 띤다. 각피는 3개의 층을 이루는데 외피는 갈색의 두꺼운 털이 빽빽하고 성숙하면 벗겨진다. 안쪽 면은 매끄러우며 남색을 띤다. 포자가 성숙하면 상단부가 열리면서 컵 모양으로 벌어진다. 컵 내부는 윤기가 나고, 반질반질하며, 바둑돌 모양의 소피자가 가득 들어 있다. 소피자 안에 포자들이 들어 있다. 비가 오면 빗물에 의해 튕겨져 나가 주변으로 번지며 그 속의 포자들이 밖으로 나오면서 번식하게 된다. 포자 모양은 난형이며, 백색이다.

발생시기 및 장소

이른 봄부터 늦가을까지 퇴비, 볏짚, 목재, 죽은 나뭇가지, 그루터기, 모래 등의 위에 무리지어 발생한다.

식용 가능 여부

약용버섯

분포

한국, 전 세계

참고

자실체의 컵 안쪽 면에 주름이 없어 주름찻잔버섯과 구별이 된다.

한입버섯

한입버섯 *Cryptoporus volvatus* (Peck) Shear

- **발생시기** 여름부터 가을까지
- **발생장소** 침엽수의 고목, 소나무의 고목 또는 생목의 껍질
- **분포지역** 한국, 일본, 중국, 동남아시아, 북아메리카, 유럽

포자가 형성되면 1개의 구멍이 뚫려 외부와 통하게 된다.

광택이 나는 자실체

대가 없이 기주에 붙어 발생
광택있는 갈색의 자실체

소나무의 고목에 무리지어 발생

조직의 내부는 백색이다.

하단의 구멍

형태적 특징

한입버섯 갓의 크기는 2~10㎝, 높이는 5~10㎝ 정도이며, 표면은 황갈색 또는 갈색이며, 광택이 있고, 매끄럽다. 대는 없고 기주에 붙어 생활한다. 갓의 밑부분은 백색 또는 담황색의 피막으로 덮여 관공면이 노출되지 않으나, 나중에는 지름 0.5~1㎝ 정도의 타원형 구멍이 뚫려 외기와 통하게 된다. 포자문은 백색이고, 포자 모양은 원통형이다.

발생시기 및 장소

여름부터 가을까지 침엽수의 고목, 소나무의 고목 또는 생목의 껍질에 무리지어 나며, 부생생활로 목재를 썩힌다.

식용 가능 여부

약용버섯

분포

한국, 일본, 중국, 동남아시아, 북아메리카, 유럽

참고

순환기장애에 좋은 약용버섯이다. 북한명은 밤알버섯이다.

4 준독버섯

갈변흰무당버섯
검은비늘버섯
곰보버섯
넓은큰솔버섯
능이
먹물버섯
붉은덕다리버섯
비늘버섯
비늘새잣버섯
뽕나무버섯
절구무당버섯
좀벌집구멍장이버섯

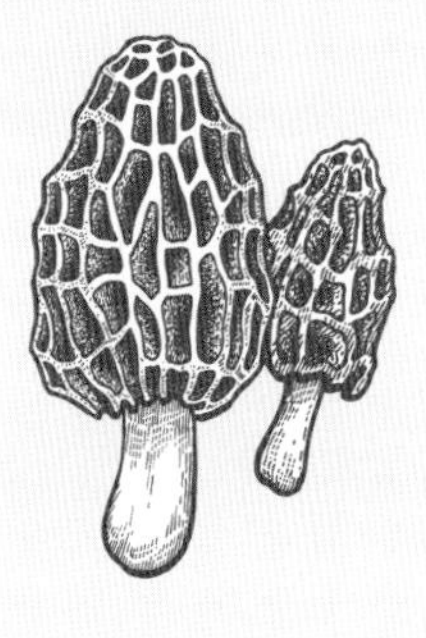

갈변흰무당버섯 *Russula japonica* Hongo

- **발생시기** 여름부터 가을까지
- **발생장소** 활엽수림 내 낙엽이 쌓인 땅 위
- **분포지역** 한국, 일본, 중국, 유럽

준독

담자균문	Basidiomycota
주름버섯강	Agaricomycetes
무당버섯목	Russulales
무당버섯과	Russulaceae
무당버섯속	Russula

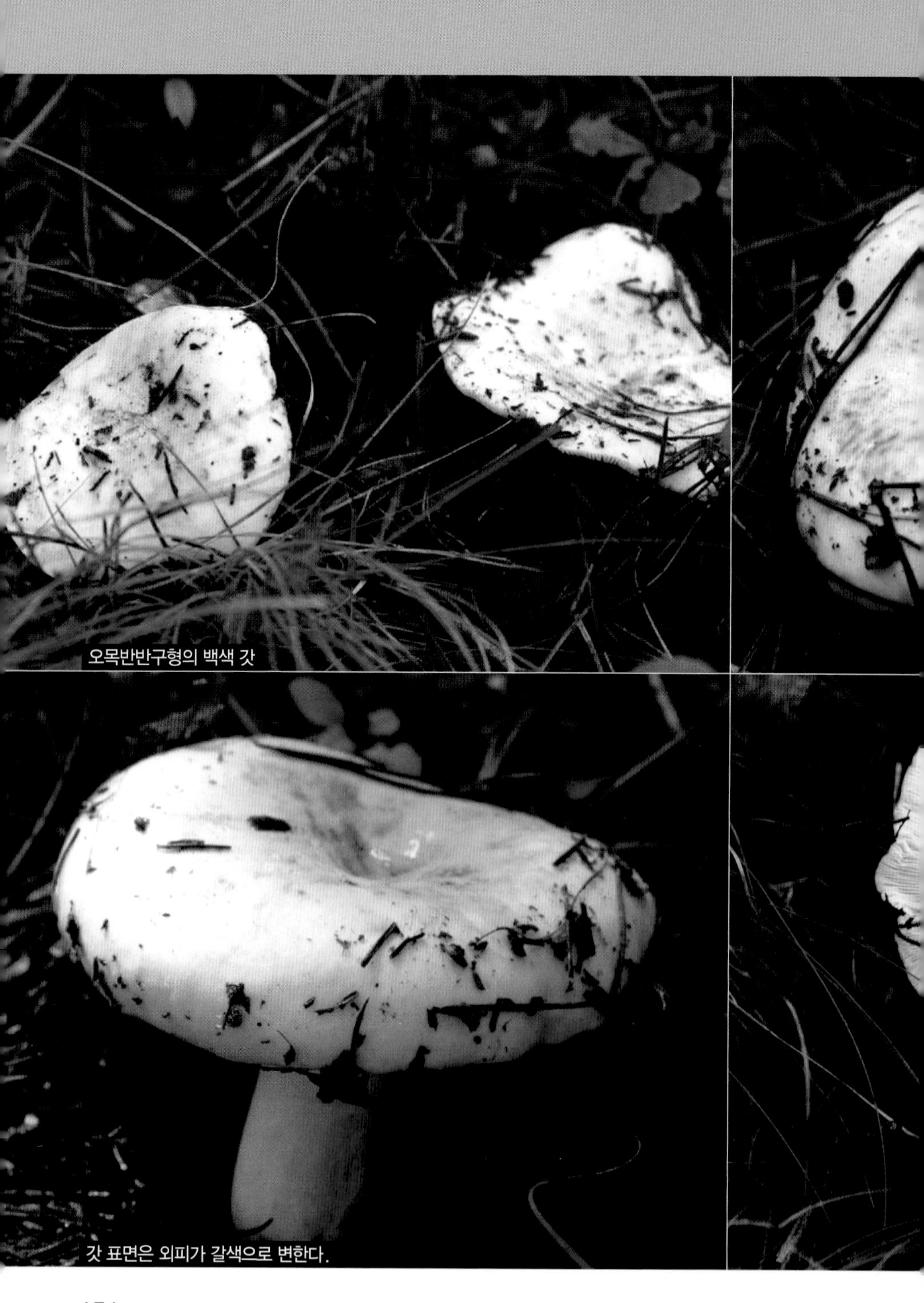

오목반반구형의 백색 갓

갓 표면은 외피가 갈색으로 변한다.

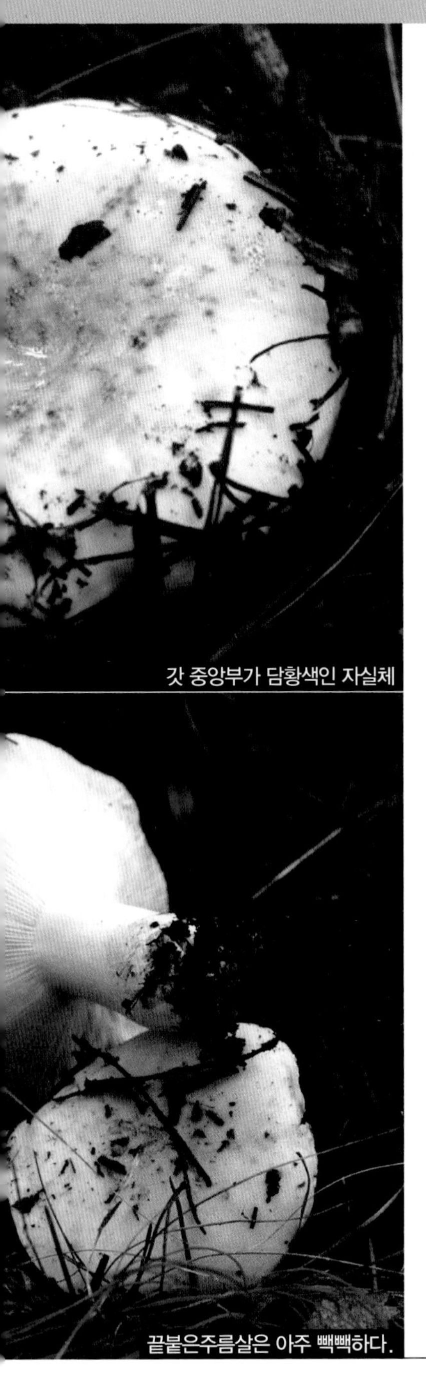
갓 중앙부가 담황색인 자실체

끝붙은주름살은 아주 빽빽하다.

형태적 특징

갈변흰무당버섯의 갓은 지름이 8~20㎝ 정도로 처음에는 반구형이나 성장하면서 가운데가 오목한 반구형에서 깔때기형이 된다. 갓 표면은 백색을 띠다가 연한 갈색으로 변하며, 매끄럽다. 조직은 백색이고, 두꺼우며 단단하다. 주름살은 끝붙은주름살형이고, 아주 빽빽하다 . 초기에는 백색이나 성장하면서 연한 황색 또는 황갈색이 된다. 대의 길이는 3~6㎝ 정도로 짧고 뭉툭하며, 위아래 굵기가 비슷하거나 아래쪽이 다소 가늘고 백색이다. 포자문은 연한 황색이고, 포자 모양은 난형이다.

발생시기 및 장소

여름부터 가을까지 활엽수림 내 낙엽이 쌓인 땅위에 무리지어 나거나 흩어져서 발생하는 외생균근성 버섯이다.

식용 가능 여부

독성분은 알려져 있지 않으나 체질에 따라 중독되는 경우가 있어 주의를 요하는 버섯이다.

분포

한국, 일본, 중국, 유럽

검은비늘버섯

검은비늘버섯 *Pholiota adiposa* (Batsch) P. Kumm.

- **발생시기** 봄부터 가을 사이
- **발생장소** 활엽수 또는 침엽수의 죽은 가지나 그루터기
- **분포지역** 한국, 중국, 유럽, 북아메리카

준독

담자균문	Basidiomycota
주름버섯강	Agaricomycetes
주름버섯목	Agaricales
포도버섯과	Strophariaceae
비늘버섯속	Pholiota

평반구형의 갓을 가진 자실체

뭉쳐서 무리지어 발생한다.

대에는 거친 돌기상의 인편이 있다.

쉽게 탈락되는 거미줄형의 턱받이

습할 때 점성질이 있다.

완전붙은주름살

검은 비늘버섯(재배)

형태적 특징 • 검은비늘버섯의 갓은 지름이 3~8㎝ 정도이며, 처음에는 반구형이나 성장하면서 평반구형 또는 편평형이 된다. 갓 표면은 습할 때 점질성이 있으며, 연한 황갈색을 띠며, 갓 둘레에는 백색의 인편이 있는데 성장하면서 탈락되거나 갈색으로 변한다. 조직은 비교적 두껍고, 육질형이며, 노란 백색을 띤다. 주름살은 대에 완전붙은주름살형이며, 약간 빽빽하고, 처음에는 유백색이나 성장하면서 적갈색으로 된다. 대의 길이는 4~10㎝ 정도이며, 원통형으로 위아래 굵기가 비슷하거나 아래쪽이 다소 굵으며, 기부는 다발성으로 수십 개가 합쳐져 있다. 대 위쪽의 표면은 유백색이나 아래쪽은 점차 진한 적갈색으로 되고, 거친 돌기상의 인편이 있다. 턱받이는 옅은 황색을 띠며 쉽게 탈락한다. 포자문은 적갈색이며, 포자 모양은 타원형이다.

발생시기 및 장소 • 봄부터 가을 사이에 활엽수 또는 침엽수의 죽은 가지나 그루터기에 뭉쳐서 무리지어 발생한다.

식용 가능 여부 • 식용버섯이나 많은 양을 먹거나 생식하면 중독되므로 주의해야 한다.

분포 • 한국, 중국, 유럽, 북아메리카

참고 • 갓의 대부분에 인편이 있는데 백색에서 갈색으로 변한다.

곰보버섯

곰보버섯 *Morchella esculenta* (L.) Pers.

- **발생시기** 봄
- **발생장소** 숲 속이나 나뭇가지가 많은 곳
- **분포지역** 한국, 중국, 일본, 유럽, 북아메리카

준독

자낭균문	Ascomycota
주발버섯강	Pezizomycetes
주발버섯목	Pezizales
곰보버섯과	Morchellaceae
곰보버섯속	Morchella

종 모양의 어린 자실체

갓은 자실체 절반을 차지한다.

속이 빈 대

곰보 모양의 불규칙한 홈이 있는 자실체

횡단면으로 절단한 원형의 대 형태

형태적 특징

곰보버섯 자실체는 지름이 3~5㎝, 높이는 5~14㎝ 정도로, 중형버섯이다. 머리 부분인 갓은 넓은 난형이며, 그물 모양이고, 파인 것처럼 보이는 불규칙한 홈이 있다. 또한 갓은 대의 절반 이상을 덮고 있으며 아래쪽의 갓은 대에 부착되어 있다. 자실층은 갓의 표면인 홈에 고루 분포되어 있다. 조직은 백색 또는 황토색이고, 다소 탄력성이 있다. 대의 길이는 4~10㎝, 굵기는 2~4㎝ 정도이며, 기부 쪽이 굵은 원통형이다. 표면은 불분명한 주름이 있으며, 백색을 띤다. 머리부터 기부까지의 속은 비어 있다. 자낭포자는 타원형이다.

발생시기 및 장소

봄에 숲 속이나 나뭇가지가 많은 곳에서 식물과 공생생활을 하는 균근성 버섯이다.

식용 가능 여부

어린 버섯은 식용이 가능하나 많은 양을 먹으면 중독되므로 유의해야 한다.

분포

한국, 중국, 일본, 유럽, 북아메리카

참고

완전 성숙한 버섯에서 독성분인 Gromitrin이 검출되었다는 문헌이 있으므로 식용으로 이용할 때 주의해야 한다. 프랑스에서는 즐겨 먹는 버섯이다.

넓은큰솔버섯

넓은큰솔버섯 *Megacollybia platyphylla* (Pers.) Kotl. & Pouzar

- **발생시기** 여름부터 가을까지
- **발생장소** 활엽수의 고목, 그루터기 또는 나무가 매몰된 지상
- **분포지역** 한국, 북반구 온대 이북

준독

담자균문	Basidiomycota
주름버섯강	Agaricomycetes
주름버섯목	Agaricales
낙엽버섯과	Marasmiaceae
큰솔버섯속	Megacollybia

방사상으로 갈라지는 표면

완전붙은주름살은 성글고 백색이다.

갓표면은 진한흑갈색에서 점차 색이 연해진다.

성숙하면 섬유질선이 나타나고 갈라지는 갓 표면

주름살은 백색이고 대에 완전붙은주름살이다.

형태적 특징

넓은큰솔버섯의 갓은 지름이 5~15㎝ 정도이며, 초기에는 평반구형이나 성장하면서 오목편평형이 된다. 갓 표면은 어릴 때는 진한 흑갈색이나 점차 연한 회색이 되고, 방사상으로 섬유질선이 있으며, 성장하면 종종 표면이 방사상으로 갈라지기도 한다. 조직은 얇으며 백색이다. 주름살은 대에 완전붙은주름살형이고, 성글며, 백색이다. 주름살 사이에 간맥이 있으며, 주름살 끝은 분질상이다. 대의 길이는 6~15㎝, 굵기는 0.5~2㎝ 정도로 토양 표면과 붙어 있는 부분이 조금 굵으며, 속은 비어 있다. 포자문은 백색이고, 포자 모양은 타원형이다.

발생시기 및 장소

여름부터 가을까지 활엽수의 고목, 그루터기 또는 나무가 매몰된 지상에 홀로 또는 무리지어 발생한다.

식용 가능 여부

식용 가능하나 생식하면 체질에 따라 중독되는 경우가 있다.

분포

한국, 북반구 온대 이북

참고

조리한 것도 위장 자극이 있으므로 주의해야 한다.

능이

능이 *Sarcodon imbricatus* (L.) P. Karst.

- **발생시기** 가을
- **발생장소** 활엽수림 내 땅 위
- **분포지역** 한국, 동아시아

준독

담자균문 Basidiomycota
주름버섯강 Agaricomycetes
사마귀버섯목 Thelephorales
노루털버섯과 Bankeraceae
능이속 Sarcodon

갓 위에는 거친 인편이 있다.

자실층은 침상이다.

회백갈색의 자실층은 포자가 형성되거나 건조하면 흑갈색으로 변한다.

활엽수림 내 지상에 발생하는 공생균이다.

무리지어 난 모습

건조하면 흑갈색으로 변한다.

거칠은 인편이 밀포된 갓

대 기부까지 뚫려 있는 갓 중앙부

형태적 특징 • 능이의 갓은 지름이 5~25㎝ 정도이며, 버섯 높이는 5~25㎝ 정도로 처음에는 편평형이나 성장하면서 깔때기형 또는 나팔꽃형이 되고, 중앙부는 대의 기부까지 뚫려 있다. 갓 표면은 거칠고 위로 말린 각진 인편이 밀집해 있다. 자실체는 처음에는 연한 홍색 또는 연한 갈색이나 성장하면서 홍갈색 또는 흑갈색으로 변하며, 건조하면 흑색으로 된다. 조직은 연한 홍갈색인데 건조하면 회갈색으로 된다. 자실층은 길이 1㎝ 이상 되는 많은 침이 돋아 있고, 초기에는 회백갈색이나 성장하면서 연한 흑갈색이 된다. 대의 길이는 3~5㎝ 정도로 비교적 짧고, 기부까지 침이 돋아 있으며, 연한 흑갈색을 띤다. 포자문은 연한 갈색이며, 포자 모양은 구형이다.

발생시기 및 장소 • 가을에 활엽수림 내 땅 위에 무리지어 나거나 홀로 발생한다.

식용 가능 여부 • 독특한 향기가 있는 식용버섯이나 생식하면 가벼운 중독 증상이 나타날 수 있다.

분포 • 한국, 동아시아

참고 • 독특한 향기가 난다고 하여 향버섯이라고도 한다. 예로부터 민간에서나 한방에서 고기를 먹고 체한 데 이 버섯을 달인 물을 소화제로 이용하였다. 위장에 염증이나 궤양이 있을 때는 금기한다. 아직 재배되지 않고 있으며 송이처럼 귀한 버섯으로 취급된다.

먹물버섯

먹물버섯 *Coprinus comatus* (O. F. Müll.) Pers.

- **발생시기** 봄부터 가을까지
- **발생장소** 정원, 목장, 잔디밭 등 부식질이 많은 땅 위
- **분포지역** 한국, 전 세계

준독

담자균문	Basidiomycota
주름버섯강	Agaricomycetes
주름버섯목	Agaricales
주름버섯과	Agaricaceae
먹물버섯속	Coprinus

견사상 섬유질이 있는 어린 자실체

포자가 성숙하면 액화 현상이 일어나는 자실체

어린 자실체와 액화가 일어나는 자실체가 뒤섞여있다.

부식질이 많은 풀밭에 자생하는 자실체

긴 난형의 어린 자실체

자라면서 종형이 된다

흑색으로 변한 갓

형태적 특징

먹물버섯의 갓은 지름이 3~5㎝, 높이는 4~10㎝ 정도이며, 처음에는 긴 난형이나 성장하면서 종형이 된다. 갓이 대의 반 이상을 덮고 있다. 표면은 유백색을 띠며 견사상 섬유질이나 성장하면서 연한 갈색의 거친 섬유상 인피로 된다. 조직은 얇고 백색을 띤다. 주름살은 끝붙은주름살형 또는 떨어진주름살형이며, 빽빽하다. 색은 처음에는 백색이나 성장하면서 갈색으로 된 후 흑색으로 변한다. 갓 가장자리부터 액화 현상이 일어나서 갓은 없어지고 대만 남는다. 대의 길이는 15~25㎝ 정도로 원통형이며, 위쪽이 조금 가늘다. 속은 비어 있고, 표면은 백색이다. 턱받이는 위아래로 움직일 수 있으며, 기부는 원추상으로 부풀어 있다. 포자문은 검은색이며, 포자 모양은 타원형이다.

발생시기 및 장소

봄부터 가을까지 정원, 목장, 잔디밭 등 부식질이 많은 땅 위에 무리지어 흩어져 발생한다.

식용 가능 여부

어린 버섯은 식용할 수 있으나, 중독 증상이 있는 것으로 기재된 문헌도 있다.

분포

한국, 전 세계

붉은덕다리버섯

붉은덕다리버섯 *Laetiporus miniatus* (Jungh.) Overeem

- **발생시기** 봄부터 여름까지
- **발생장소** 활엽수의 생목이나 고목 그루터기
- **분포지역** 한국, 일본, 아시아 열대

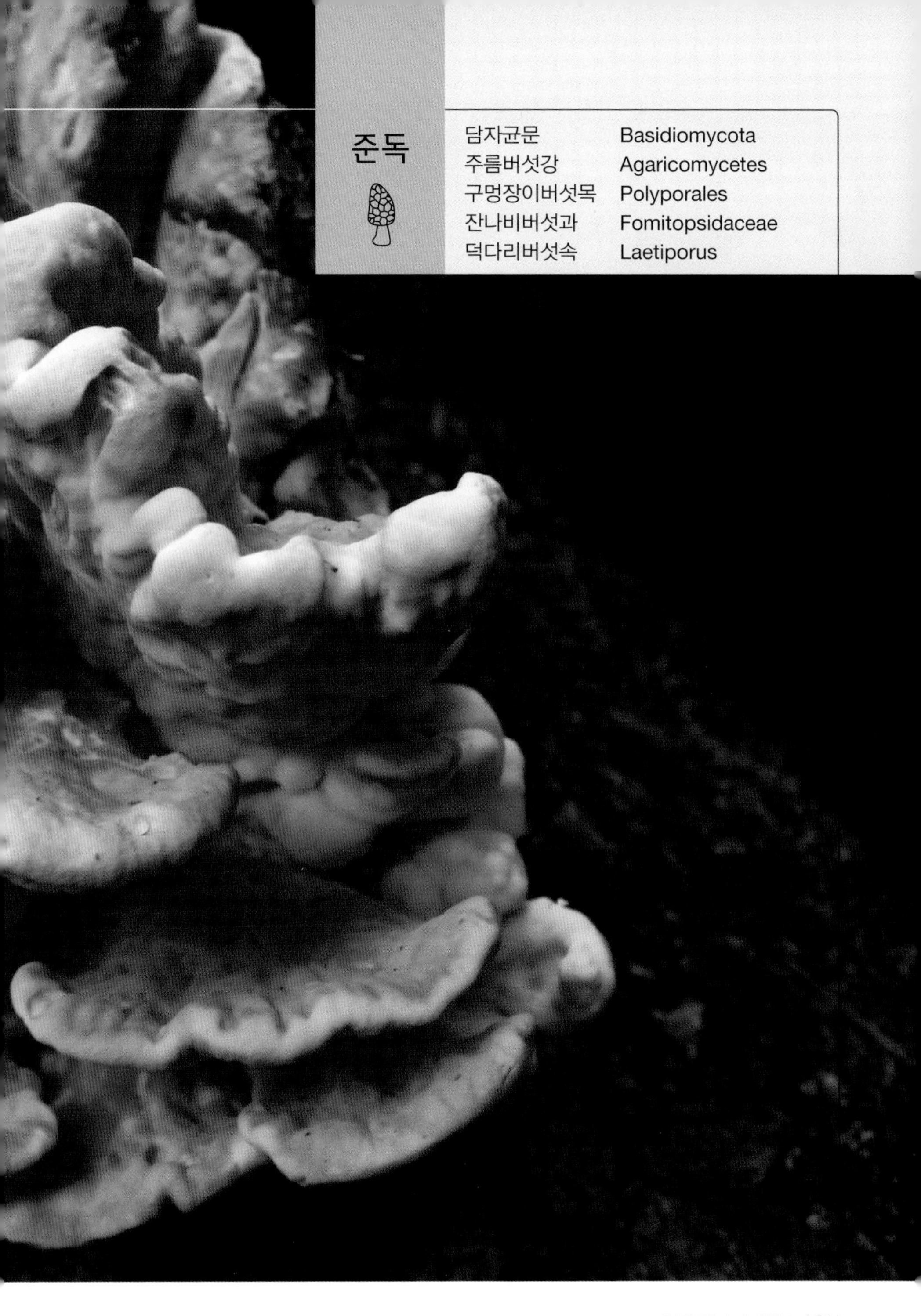

준독

담자균문	Basidiomycota
주름버섯강	Agaricomycetes
구멍장이버섯목	Polyporales
잔나비버섯과	Fomitopsidaceae
덕다리버섯속	Laetiporus

부채형의 갓
여러개가 겹쳐서 난 갓

초기에는 표면이 황적색이다.

성숙하면 백색으로 퇴색하며 잘 부스러진다.

형태적 특징 •

붉은덕다리버섯의 갓은 지름이 5~20㎝, 두께가 1~3㎝ 정도이며, 부채형 또는 반원형이다. 표면은 선홍색 또는 황적색이나, 마르면 백색으로 된다. 갓은 성장하면서 여러 개가 겹쳐서 난다. 갓 둘레는 파상형 또는 갈라진형이다. 조직은 초기에는 갓 표면과 같은 색을 띠며 탄력성이 있고 유연하나, 성숙하면 점차 퇴색하여 백색으로 되며 잘 부서진다. 자실층은 관공형이며, 관공은 길이가 0.2~1㎝ 정도이고 황갈색이다. 관공구는 작으면서 원형이다. 대는 없으며, 갓의 측면 일부가 직접 기주에 부착되어 있다. 포자문은 백색이며 포자 모양은 타원형이다.

발생시기 및 장소 •

봄부터 여름까지 활엽수의 생목이나 고목 그루터기에 발생하며, 목재를 썩히는 부후생활을 한다.

식용 가능 여부 •

어린 시기의 자실체는 식용하고 있지만 생식하면 중독되는 경우도 있으므로 유의해야 된다.

분포 •

한국, 일본, 아시아 열대

비늘버섯

비늘버섯 *Pholiota squarrosa* (Vahl) P. Kumm.

- **발생시기** 여름부터 가을까지
- **발생장소** 활엽수 고사목의 그루터기
- **분포지역** 북반구 온대

준독

담자균문	Basidiomycota
주름버섯강	Agaricomycetes
주름버섯목	Agaricales
포도버섯과	Strophariaceae
비늘버섯속	Pholiota

전나무 그루터기에 발생하는 자실체

건조한 갓 표면

어릴 때 반구형의 갓

대 아래쪽의 손거스러미상의 인피

무리지어 발생하는 자실체

어릴 때에는 턱받이가 주름살을 보호

어릴 때 부착되는 섬유질상 내피막

형태적 특징 • 비늘버섯의 갓은 크기가 2.5~6.5㎝로 성장 초기에는 반구형 또는 종형이나 성장하면 반반구형으로 되다가 편평하게 퍼진다. 대부분 중앙 부위가 약간 볼록하며 갓 끝은 오랫동안 안쪽으로 굽어 있다. 표면은 습할 때에도 건조하며, 옅은 황색 또는 올리브황색 바탕에 끝이 반전된 등황갈색, 암갈색의 비늘상 인피(squarrose)가 다소 동심원상으로 배열되어 있으며, 중심 쪽은 더 짙은 색을 띠며 밀집되어 있다. 성장 초기 갓 끝은 섬유상 또는 섬유상 막질의 내피막으로 싸여 있으나 성장하면 갓 끝 쪽에 내피막의 잔유물이 쉽게 소실된다. 조직은 육질형이며 얇고 황백색이며, 냄새는 일반적인 버섯 냄새가 나거나 분명하지 않으며, 맛은 부드럽다. 주름살은 대에 완전붙은주름살 또는 짧은내린주름살이며 빽빽하고 다소 넓은 편이다. 색은 초기에는 맑은 올리브황색이나 성장하면 올리브갈색을 띠고, 주름살날은 평활하다. 대의 길이는 5.2~15㎝로 원통형이고 상하 굵기가 비슷하거나 기부 쪽이 다소 굵으며, 일반적으로 휘거나 종종 굽어 있다. 표면은 턱받이 위쪽은 면모상이거나 미분질이며 맑은 황백색이다. 턱받이 아래는 옅은 황색 바탕에 갈색의 비늘상 인피, 손거스러미상 인피 또는 암갈색 인피가 산재해 있으며, 기부 쪽은 짙은 색을 띠고 가늘며, 옆의 다른 대와 합생(concre-scented)하여 종종 다발을 이룬다. 턱받이는 맑은 황색을 띠며 면모상 섬유질이고, 성장하면 거의 소실되어 흔적만 남는다. 포자문은 짙은 황갈색이고, 포자는 타원형이고 평활하며 포자벽은 얇고 정단부에 작고 분명한 발아공이 있다. KOH(수산화칼륨) 용액에서 황금색을 띠는 부정형의 내용물이 있다.

발생시기 및 장소 • 여름부터 가을까지 활엽수 고사목의 그루터기에 무리지어 발생하며 침엽수에서도 발생한다.

식용 가능 여부 • 독버섯이다. 개개인의 체질에 따라 중독 증상(복통과 설사)이 나타나며, 특히 술과 함께 먹으면 중독 증상이 나타나기 때문에 주의해야 한다.

분포 • 북반구 온대

비늘새잣버섯

비늘새잣버섯 *Neolentinus lepideus* (Fr.) Redhead & Ginns

- **발생시기** 여름부터 가을까지
- **발생장소** 소나무의 그루터기
- **분포지역** 한국, 전 세계

준독

담자균문	Basidiomycota
주름버섯강	Agaricomycetes
구멍장이버섯목	Polyporales
구멍장이버섯과	Polyporaceae
새잣버섯속	Neolentinus

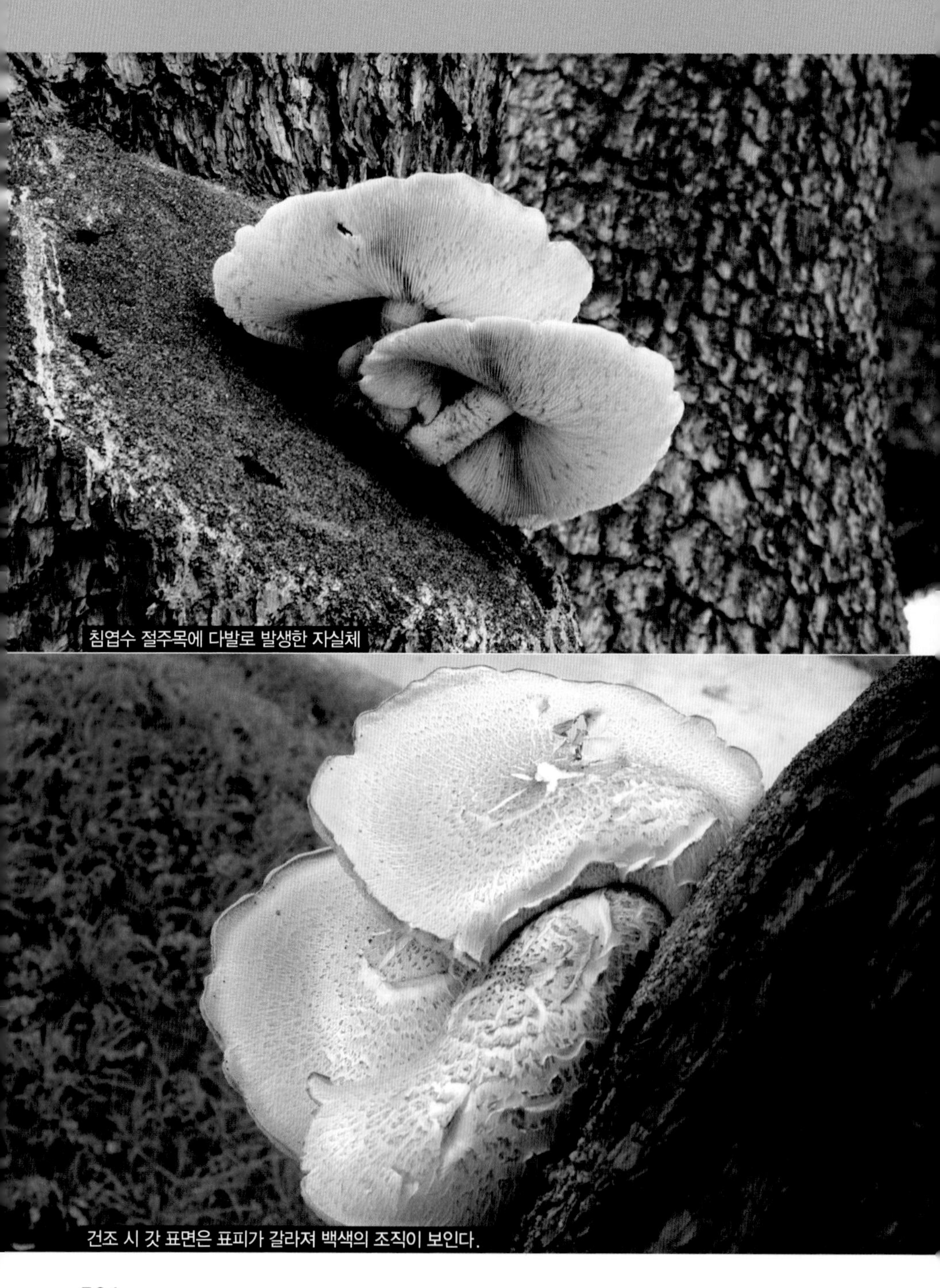
침엽수 절주목에 다발로 발생한 자실체

건조 시 갓 표면은 표피가 갈라져 백색의 조직이 보인다.

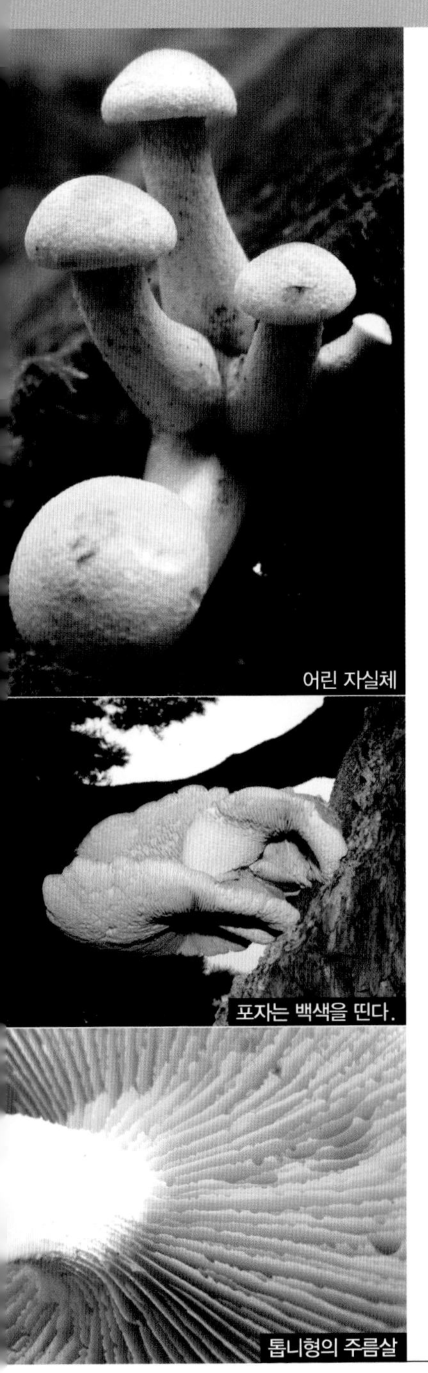
어린 자실체

포자는 백색을 띤다.

톱니형의 주름살

형태적 특징

비늘새잣버섯 갓의 지름은 5~15㎝ 정도이며, 초기에는 평반구형이나 성장하면서 편평형이 된다. 표면은 백색 또는 연한 황갈색이며, 황갈색의 인피가 불규칙한 원을 이루고 있다. 갓 중앙 부분의 표피가 갈라져 백색의 조직이 보이기도 한다. 주름살은 대에 홈주름살형 또는 내린주름살형이며, 약간 빽빽하고, 백색이다. 주름살 끝 부분은 톱니형이고, 종종 심하게 갈라지기도 한다. 대의 길이는 2~8㎝, 굵기는 1~3㎝ 정도이며, 대의 표면은 갓의 표면과 같이 백색 또는 연한 황색을 띠며 갈색의 갈라진 인편이 있다. 대의 위쪽에는 줄무늬 선이 있고, 속은 차 있다. 포자문은 백색이며, 포자 모양은 타원형이다.

발생시기 및 장소

여름부터 가을까지 소나무의 그루터기에 홀로 또는 뭉쳐서 발생하며 나무를 분해하는 부후성 버섯이다.

식용 가능 여부

식용가능하나 체질에 따라서 중독을 일으킬 수 있으므로 유의해야 한다.

분포

한국, 전 세계

뽕나무버섯

뽕나무버섯 *Armillaria mellea* (Vahl) P. Kumm.

- **발생시기** 봄부터 늦은 가을까지
- **발생장소** 활엽수, 침엽수의 생나무 그루터기, 죽은 가지.
- **분포지역** 한국, 전 세계

준독

담자균문	Basidiomycota
주름버섯강	Agaricomycetes
주름버섯목	Agaricales
뽕나무버섯과	Physalacriaceae
뽕나무버섯속	Armillariella

갓 중앙부에 진한 갈색의 인편을 가지고 있는 자실체

주름살은 갈색 상흔이 있기도 한다.

털받이는 백황색의 막질로 이루어져 있다.

턱받이가 있는 대

자라면서 평편형이 된 모습

다발로 자생한 자실체

형태적 특징

뽕나무버섯의 갓은 지름이 3~15㎝ 정도로 처음에는 평반구형이나 성장하면서 편평형이 된다. 갓 표면은 연한 갈색 또는 황갈색이며, 중앙부에 진한 갈색의 미세한 인편이 나 있고, 갓 둘레에는 방사상의 줄무늬가 있다. 주름살은 내린주름살형이며, 약간 성글고, 처음에는 백색이나 성장하면서 연한 갈색의 상흔이 나타난다. 대의 길이는 4~15㎝ 정도, 섬유질이며, 아래쪽이 약간 굵다. 표면은 황갈색을 띠며 아래쪽은 검은 갈색이다. 턱받이는 백황색의 막질로 이루어져 있다. 포자문은 백색이며, 포자 모양은 타원형이다.

발생시기 및 장소

봄부터 늦은 가을까지 활엽수, 침엽수의 생나무 그루터기, 죽은 가지 등에 뭉쳐서 발생하는 활물기생성 버섯이다.

식용 가능 여부

우리나라에서는 식용으로 이용해 왔으나 생식하거나 많은 양을 먹으면 중독되는 경우가 있으므로 주의해야 되는 버섯이다. 지방명이 다양해서 혼동을 일으킬 수 있는 버섯이기도 하다. 강원도 지역에서는 '가다발버섯'으로 부르고 있다.

분포

한국, 전 세계

절구무당버섯

절구무당버섯 *Russula nigricans* Fr.

- **발생시기** 여름부터 가을 사이
- **발생장소** 활엽수림 내 땅 위
- **분포지역** 한국, 북아메리카, 북반구 일대

성숙하면 갓 끝 부위가 위로 펴진다.
주름살은 끝붙은주름살
폭이 넓고 성긴 주름살

담자균문	Basidiomycota
주름버섯강	Agaricomycetes
무당버섯목	Russulales
무당버섯과	Russulaceae
무당버섯속	Russula

형태적 특징

절구무당버섯의 갓은 지름이 5~20㎝ 정도로 처음에는 반반구형이나 성장하면서 가운데가 오목한 편평형이 된다. 갓 표면은 연한 갈색이나 성장하면서 갈색을 띠고, 오래되면 검은색이 된다. 조직은 백색이며, 절단하면 적색으로 변하고 바로 검은색으로 변한다. 주름살은 끝붙은주름살형이고, 성글다. 대의 길이는 3~8㎝ 정도이고, 단단하며, 백색이나 성장하면서 갈색을 거쳐 흑색으로 변한다. 대의 속은 차 있다. 포자문은 백색이며, 포자 모양은 구형이다.

발생시기 및 장소

여름부터 가을 사이에 활엽수림 내 땅 위에 홀로 나거나 흩어져서 발생하는 외생균근성 버섯이다.

식용 가능 여부

식용버섯이나 생식하면 중독된다.

분포

한국, 북아메리카, 북반구 일대

참고

북한명은 성긴주름버섯이다. 주름살이 두껍고 다른 버섯에 비해 폭이 넓다.

좀벌집구멍장이버섯

좀벌집구멍장이버섯 *Polyporus arcularius* (Batsch) Fr.

- **발생시기** 여름부터 가을까지
- **발생장소** 활엽수의 고목, 부러진 가지, 그루터기
- **분포지역** 한국, 일본 등 전 세계

준독

담자균문	Basidiomycota
주름버섯강	Agaricomycetes
구멍장이버섯목	Polyporales
구멍장이버섯과	Polyporaceae
구멍장이버섯속	Polyporus

깔때기형의 갓을 가진 자실체

관공은 크림색이고 관공구는 타원형이다.

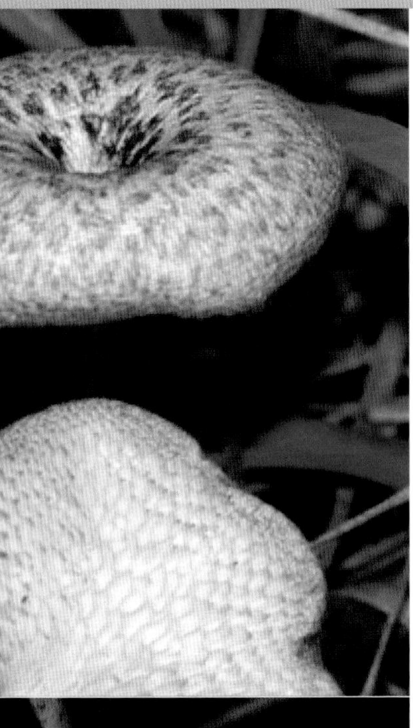

갓 표면은 작은 인편이 밀포

형태적 특징 ·

좀벌집구멍장이버섯의 갓은 지름이 3~5㎝ 정도이며, 원형 또는 깔때기형이다. 표면은 황백색 또는 연한 갈색이고, 갈라진 작은 인편이 있다. 조직은 백색이며, 부드러운 가죽질이다. 관공은 0.1~0.2㎝ 정도이며, 백색 또는 크림색이고, 관공구는 0.1㎝ 이하로 타원형이며, 방사상으로 배열되어 있다. 대의 길이는 1~5㎝ 정도이며, 굵기는 0.2~0.5㎝ 정도로 원주상이며, 질기고, 단단하다. 포자문은 백색이고, 포자 모양은 긴 타원형이다.

발생시기 및 장소 ·

여름부터 가을까지 활엽수의 고목, 부러진 가지, 그루터기 위에 무리지어 발생하며, 부생생활을 한다. 나뭇가지가 매몰된 땅 위에 무리지어 발생되기도 한다.

식용 가능 여부 ·

어린 버섯은 식용 가능하나 생식을 하면 중독된다.

분포 ·

한국, 일본 등 전 세계

참고 ·

약용과 항암작용이 있다.

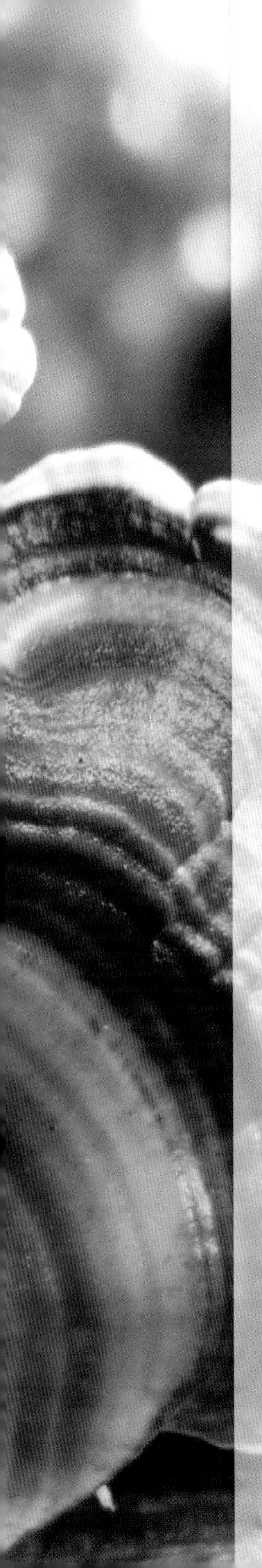

5

불명버섯

가랑잎꽃애기버섯
갈색꽃구름버섯
고깔갈색먹물버섯
고리갈색깔때기버섯
귀버섯
노란각시버섯
노랑무당버섯
당귀젖버섯
덧부치버섯
복분자버섯
붉은말뚝버섯
살쾡이버섯
삼색도장버섯
솔방울털버섯
신알광대버섯
용종버섯
이끼버섯
장미자색구멍버섯
접시버섯
제주쓴맛그물버섯
좀노란밤그물버섯
종버섯
찐빵버섯
치마버섯
콩버섯
털가죽버섯
톱니겨우살이버섯
흰애주름버섯

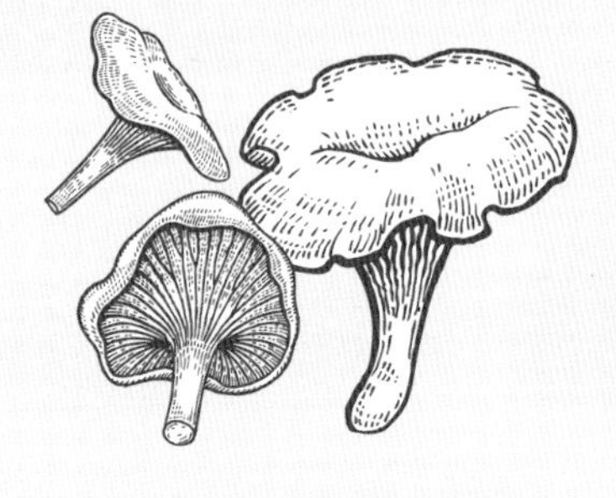

가랑잎꽃애기버섯

가랑잎꽃애기버섯 *Gymnopus peronatus* (Bolton) Gray

- **발생시기** 여름부터 가을까지
- **발생장소** 낙엽이 많이 부식된 땅 위
- **분포지역** 한국, 일본, 중국, 북반구 일대, 오스트레일리아, 유럽

어린자실체

반구형의 갓은 점차 편평형으로 변한다.

가운데가 오목해진 성장한 갓의 모습

무리지어 발생한 버섯들

원통형의 대의 아래쪽에 보이는 빽빽한 털

갓 가장자리에 보이는 방사상의 선

성근 주름살

형태적 특징

가랑잎꽃애기버섯 갓의 지름은 1.2~4㎝정도로 처음에는 반구형이나 성장하면서 편평형이 되고, 나중에는 가운데가 들어간다. 갓 표면은 습할 때 가장자리로 방사상의 선이 보이고, 황갈색 또는 암갈색이다. 조직은 얇고 질기며 매운맛이 난다. 주름살은 끝붙은주름살형 또는 완전붙은주름살형이며 성글고 연한 황색 또는 연한 갈색이다. 대는 2~6㎝ 정도로 원통형으로 위아래 굵기가 비슷하다. 표면은 연한 황갈색을 띠며, 아래쪽에는 연한 황색의 털이 빽빽하게 나 있다. 포자문은 백색이며 포자 모양은 긴 타원형이다.

발생시기 및 장소

여름부터 가을까지 낙엽이 많이 부식된 땅 위에 무리지어 발생하며 낙엽분해성 버섯이다.

식용 가능 여부

식용 여부는 알려져 있지 않다.

분포

한국, 일본, 중국, 북반구 일대, 오스트레일리아, 유럽

갈색꽃구름버섯

갈색꽃구름버섯 *Stereum ostrea* (Blume & T. Nees) Fr.

- **발생시기** 1년 내내
- **발생장소** 활엽수의 고목, 부러진 가지, 그루터기 위
- **분포지역** 한국, 전 세계

불명

담자균문	Basidiomycota
주름버섯강	Agaricomycetes
무당버섯목	Russulales
꽃구름버섯과	Stereaceae
꽃구름버섯속	Stereum

갓 표면에 연갈색의 짧은 털이 있다

부채형의 갓에 보이는 동심원상의 고리무늬

건조된 자실체

무리지어 발생한 버섯들

형태적 특징

갈색꽃구름버섯의 갓은 지름이 1~7㎝, 두께가 0.1~0.2㎝ 정도이며, 매우 얇은 부채형이다. 반배착생으로 기주에 넓게 부착하여 선반형이 된다. 표면은 부드럽고, 회백색 또는 적갈색, 검은 갈색 등의 털이 동심원상으로 늘어선 고리 무늬가 있는데, 털이 있는 부분과 털이 없는 부분이 번갈아 있다. 노숙하면 털은 탈락한다. 조직은 단단하고 질기다. 아랫면의 자실층은 갈색 또는 연한 황갈색이며, 액체를 분비하는 백색의 균사가 있다. 포자문은 백색이고, 포자 모양은 긴 타원형이다.

발생시기 및 장소

1년 내내 활엽수의 고목, 부러진 가지, 그루터기 위에 무리지어 발생하며, 부생생활을 한다.

식용 가능 여부

식용 여부는 알려져 있지 않다.

분포

한국, 전 세계

고깔갈색먹물버섯

고깔갈색먹물버섯 *Coprinellus disseminatus* (Pers.) J.E. Lange

- **발생시기** 봄부터 가을까지
- **발생장소** 썩은 활엽수의 그루터기, 고목
- **식용여부** 미상
- **분포지역** 한국, 전 세계

불명

담자균문	Basidiomycota
주름버섯강	Agaricomycetes
주름버섯목	Agaricales
눈물버섯과	Psathyrellaceae
갈색먹물버섯속	Coprinellus

포자 형성시 검게 변하는 주름살
무리지어 발생하는 어린 자실체

무리지어 발생하는 자실체

종형의 갓을 가진 자실체

형태적 특징

고깔갈색먹물버섯의 갓은 지름이 1~2㎝ 정도이며, 처음에는 난형이나 성장하면서 종형을 거쳐 편평형이 된다. 갓 표면은 백색이고, 가운데는 연한 홍색 또는 회백색이고, 백색의 인편이 있다. 가장자리에는 홈선이 있으며, 갓 표면은 완전히 성숙한 후에는 자흑색으로 변한다. 조직은 얇고 회백색이다. 주름살은 끝붙은주름살형이며, 성글고, 처음에는 백색이나 성장하면서 자갈색을 띤다. 대의 길이는 1~4㎝ 정도로 위아래 굵기가 비슷하며 백색이고, 초기에 백색의 미세한 털로 덮여 있으나 점차 소실된다. 대의 속은 비어 있다. 포자문은 흑갈색이며 포자 모양은 타원형이다.

발생시기 및 장소

봄부터 가을까지 썩은 활엽수의 그루터기, 고목에 뭉쳐서 무리지어 발생한다.

식용 가능 여부

식용 여부는 알려져 있지 않다.

분포

한국, 전 세계

참고

소형버섯으로 고목 등에 수십, 수백 개가 뭉쳐서 난다.

고리갈색깔때기버섯

고리갈색깔때기버섯 *Hydnellum concrescens* (Pers.) Banker

- **발생시기** 여름부터 가을
- **발생장소** 침엽수림 내 땅 위
- **식용여부** 미상
- **분포지역** 한국, 전 세계

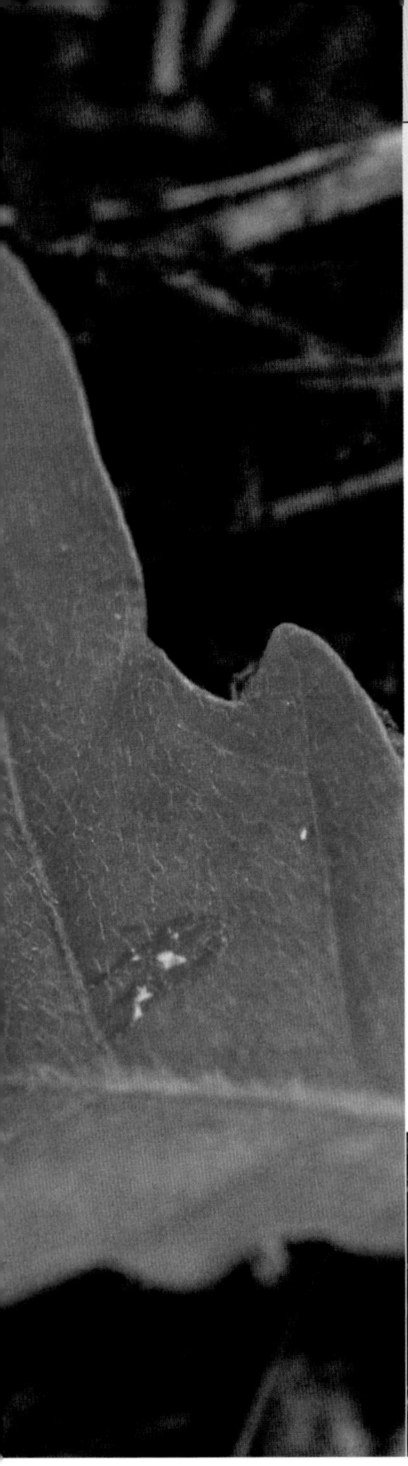

불명버섯

담자균문	Basidiomycota
주름버섯강	Agaricomycetes
사마귀버섯목	Thelephorales
노루털버섯과	Bankeraceae
갈색깔때기버섯속	Hydnellum

형태적 특징 • 고리갈색깔때기버섯의 갓은 지름이 1~5㎝, 크기는 2~5㎝ 정도이며, 처음에는 부채형이나 성장하면서 편평형 또는 깔때기형이 된다. 갓 표면은 갈색이며, 섬유상의 방사상 선과 동심원형의 무늬가 있다. 갓 둘레는 백색이고, 톱니상이다. 자실층은 침상돌기형이고, 돌기의 길이는 0.1~0.4㎝ 정도이며, 대에 붙은 내린형이고, 색깔은 암갈색이다. 조직은 가죽질이고 얇다. 대의 길이는 1~3㎝ 정도이며, 기부는 넓고 표면은 암갈색이다. 포자문은 갈색이고, 포자 모양은 구형이다.

발생시기 및 장소 • 여름부터 가을에 침엽수림 내 땅 위에 무리지어 나거나 홀로 발생한다.

식용 가능 여부 • 식용 여부는 알려져 있지 않다.

분포 • 한국, 전 세계

부채형의 갓을 가진 자실체

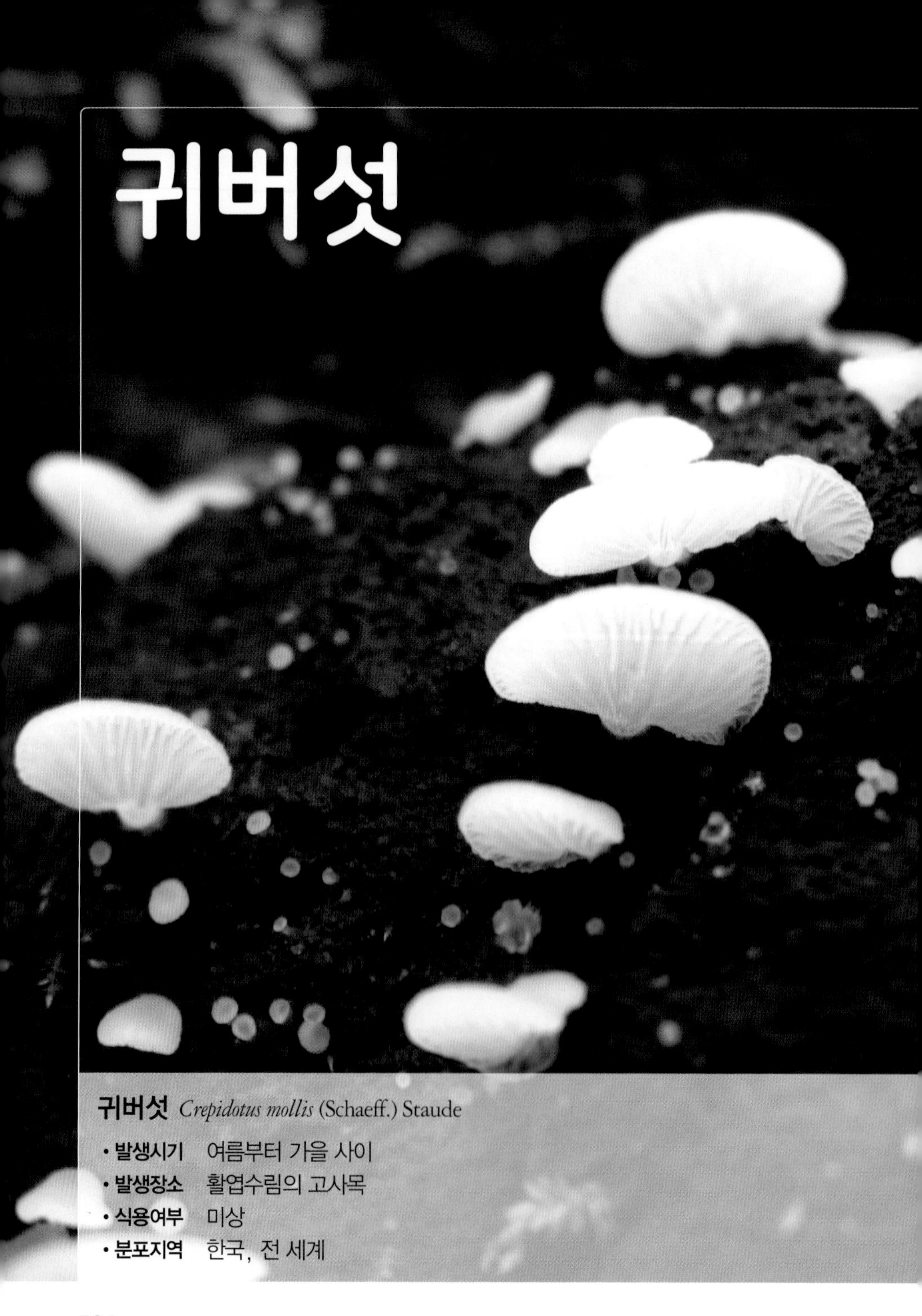

귀버섯

귀버섯 *Crepidotus mollis* (Schaeff.) Staude

- **발생시기** 여름부터 가을 사이
- **발생장소** 활엽수림의 고사목
- **식용여부** 미상
- **분포지역** 한국, 전 세계

불명
담자균문 Basidiomycota
주름버섯강 Agaricomycetes
주름버섯목 Agaricales
땀버섯과 Inocybaceae
귀버섯속 Crepidotus
무리지어 발생하는 자실체
습하면 점성을 가진다.

부채형의 자실체
빽빽한 내린주름살

성장하면서 갈색이 된 자실체

대가 없이 직접 기주에 부착된 모습

형태적 특징

귀버섯의 자실체는 1~5㎝ 정도로 부채형이다. 갓 표면은 초기에 백색이나 성장하면서 연한 황갈색 또는 갈색이 되고 편평하고 매끄러우며, 습하면 점성을 가진다. 주름살은 내린주름살형이고 빽빽하며, 백색에서 갈색으로 변한다. 조직은 백색이며 얇아서 쉽게 부서진다. 대는 거의 없고 갓이 직접 기주에 부착되어 있다. 포자문은 황갈색이며, 포자 모양은 타원형이다.

발생시기 및 장소

여름부터 가을 사이에 활엽수림의 고사목에 무리지어 발생하며 나무를 분해하는 부후성 버섯이다.

식용 가능 여부

식용 여부는 알려져 있지 않다.

분포

한국, 전 세계

참고

갓이 직접 기주에 부착되어 있다.

노란각시버섯

노란각시버섯 *Leucocoprinus birnbaumii* (Corda) Singer

- **발생시기** 여름부터 가을 사이
- **발생장소** 정원, 온실, 화분 등
- **식용여부** 미상
- **분포지역** 한국 등 세계의 열대 또는 아열대 지역

불명

담자균문	Basidiomycota
주름버섯강	Agaricomycetes
주름버섯목	Agaricales
주름버섯과	Agaricaceae
각시버섯속	Leucocoprinus

화분에 발생하는 경우가 많다.

빽빽한 주름살

유황색의 면모상 인피가 밀포된 갓

면봉형의 어린 자실체

종형의 갓

대 기부의 면모상 인피

막질의 턱받이로 쉽게 탈락한다.

가장자리에 홈선이 있는 갓

형태적 특징

노란각시버섯의 갓은 지름이 2~5㎝ 정도로 난형에서 종형을 거쳐 편평하게 되며 가운데는 볼록하다. 갓 표면은 솜털 같은 인편으로 덮여 있고 노란색이다. 가장자리에는 방사상의 홈선이 있고, 부채살 모양이다. 조직은 노란색이다. 주름살은 끝붙은주름살형이며, 연한 노란색으로 빽빽하다. 대의 길이는 5~8㎝ 정도이며, 아래쪽은 곤봉 모양으로 부풀어 있고, 속은 살이 없어서 비어 있다. 표면은 노란색 가루 모양의 인편으로 덮여 있다. 턱받이는 막질이고 쉽게 탈락한다. 포자문은 백색이며, 포자 모양은 난형이다.

발생시기 및 장소

여름부터 가을 사이에 정원, 온실, 화분 등에 홀로 또는 무리지어 발생하며, 부생생활을 한다.

식용 가능 여부

식용 여부는 알려져 있지 않다.

분포

한국 등 세계의 열대 또는 아열대 지역에 발생

참고

난 화분이나 실내온실의 부엽토에서 많이 발생하는 버섯이다.

노랑무당버섯

노랑무당버섯 *Russula flavida* Frost

- **발생시기** 여름부터 가을까지
- **발생장소** 혼합림 내 땅 위
- **식용여부** 미상
- **분포지역** 한국, 동아시아, 중국, 유럽, 북아메리카

담자균문	Basidiomycota
주름버섯강	Agaricomycetes
무당버섯목	Russulales
무당버섯과	Russulaceae
무당버섯속	Russula

형태적 특징 • 노랑무당버섯의 갓은 지름이 3~9㎝ 정도로 어릴 때는 반구형이나 성장하면서 편평해지며, 포자를 퍼뜨릴 시기가 되면 갓의 끝 부위는 위로 올라간다. 갓 표면은 매끄럽고, 선황색이며 건성이고, 융단 모양이다. 주름살은 떨어진 주름살형 또는 끝붙은주름살형이고, 약간 빽빽하며, 백색이다. 대의 길이는 3~8㎝ 정도이며, 위아래 굵기가 비슷하다. 표면은 분질상이고, 갓과 같은 색이거나 다소 연한 색을 띤다. 대의 속은 점차 비어 간다. 포자문은 백색이며, 포자 모양은 구형이다.

발생시기 및 장소 • 여름부터 가을까지 혼합림 내 땅 위에 홀로 발생하는 외생균근성 버섯이다.

식용 가능 여부 • 식용 여부는 알려져 있지 않다.

분포 • 한국, 동아시아, 중국, 유럽, 북아메리카

빽빽한 주름살은 백색이다.

당귀젖버섯

당귀젖버섯 *Lactarius subzonarius* Hongo

- **발생시기** 여름부터 가을
- **발생장소** 혼합림 내 땅 위
- **식용여부** 미상
- **분포지역** 한국, 일본

불명

담자균문	Basidiomycota
주름버섯강	Agaricomycetes
무당버섯목	Russulales
무당버섯과	Russulaceae
젖버섯속	Lactarius

노화되어 깔때기 모양이 된 갓

내린주름살

갈색의 고리 무늬

상처 시 소량의 맑은 유액이 나온다.
노화된 자실체
갈색을 띠며 무리지어 발생하는 자실체

형태적 특징

당귀젖버섯의 갓은 지름이 2~5㎝ 정도로 초기에는 둥근 산 모양이지만 성장하면 가운데가 오목편평한 모양에서 깔때기 모양으로 되며, 가장자리는 물결 모양으로 안으로 말린다. 갓 표면은 연한 갈색과 갈색 고리 무늬가 교대로 나 있다. 조직은 갈색이고, 건조하면 당귀 냄새가 난다. 유액은 백색이며, 맛은 없다. 주름살은 내린주름살형으로 약간 빽빽하고, 연한 홍색이며, 상처가 나면 백색의 유액이 분비되고 연한 갈색으로 변한다. 대의 길이는 2~3㎝ 정도이며, 위아래 굵기가 같고, 속은 해면상이다. 표면은 적갈색이며, 아래쪽에는 연한 황갈색의 거친 털이 있다. 포자문은 연한 황색이며, 포자 모양은 유구형이다.

발생시기 및 장소

여름부터 가을에 혼합림 내 땅 위에 홀로 나거나 무리지어 발생하며, 외생균근성 버섯이다.

식용 가능 여부

식용 여부는 알려져 있지 않다.

분포

한국, 일본

참고

당귀 냄새가 나고, 유액은 갈색으로 변한다.

덧부치버섯

덧부치버섯 *Asterophora lycoperdoides* (Bull.) Ditmar

- **발생시기** 여름부터 가을 사이
- **발생장소** 젖버섯, 애기무당버섯, 절구버섯 등의 자실체 위
- **식용여부** 미상
- **분포지역** 한국, 북반구 온대 이북

불명

담자균문	Basidiomycota
주름버섯강	Agaricomycetes
주름버섯목	Agaricales
만가닥버섯과	Lyophyllaceae
덧부치버섯속	Asterophora

애기무당버섯 자실체에 발생한 어린 갓

갓의 상단부는 분질상이다.

분질상은 별 모양의 후막포자를 형성한다.

다른 자실체 위에 기생하는 덧부치버섯

완전붙은주름살

덧부치버섯의 자실체가 발생
하기 이전 상태의 애기무당버섯

갈색으로 변한 성숙한 후막포자

절구버섯의 주름살에 발생한 덧부치버섯

형태적 특징

덧부치버섯의 갓은 지름이 1~3㎝ 정도이며, 처음에는 반구형이며 갓 끝이 안쪽으로 말려 있으나 성장하면서 끝이 펴진다. 갓의 표면은 처음에 백색의 후막포자가 분질물의 형태를 이루고 있으나 후막포자가 성숙하면 갈색으로 변한다. 주름살은 완전붙은주름살형이며, 성글고, 두꺼우며, 백색에서 황백색으로 된다. 대는 1~5㎝ 정도이며 원통형이고, 위아래 굵기가 비슷하며 굽어 있다. 초기에는 속이 차 있으나 성장하면서 속이 비며, 표면은 백색이다. 포자문은 백색이며, 포자 모양은 오이씨 모양이다.

발생시기 및 장소

여름부터 가을 사이에 젖버섯, 애기무당버섯, 절구버섯 등의 자실체 위에 기생한다.

식용 가능 여부

식용 여부는 알려져 있지 않다.

분포 · 지역

한국, 북반구 온대 이북

참고

갓과 주름살에 후막포자가 덮여 있으며, 젖버섯 등에 기생한다.

복분자버섯

복분자버섯 *Annulohypoxylon truncatum* (Starbäck) Y.M. Ju, J.D. Rogers & H.M. Hsieh

- **발생장소** 활엽수의 가지나 고목
- **식용여부** 미상
- **분포지역** 한국, 일본, 유럽, 북아메리카

자낭균문	Ascomycot
동충하초강	Sordariomycetes
콩꼬투리버섯목	Xylariales
콩꼬투리버섯과	Xylariaceae
복분자버섯속	Annulohypoxylon

자실체는 성숙하면 오디와 유사한 자좌가 있다.

매우 작고 원형인 관공

형태적 특징

복분자버섯은 지름이 0.5~1㎝ 정도이고, 구형 또는 반구형이다. 표면은 오디처럼 생겼으며, 검은색을 띠고, 기주에서 쉽게 분리되지 않는다. 자낭포자는 불규칙한 타원형이며, 흑갈색이다.

발생시기 및 장소

활엽수의 가지나 고목에서 목재를 썩히며 무리지어 발생한다.

식용 가능 여부

식용 여부는 알려져 있지 않다.

분포

한국, 일본, 유럽, 북아메리카

참고

버섯은 작고 검은색이며 나무에 잘 부착되어 있어 표피가 썩은 것으로 착각하기 쉽다.

붉은말뚝버섯

붉은말뚝버섯 *Phallus rugulosus* Lloyd

- **발생시기** 여름부터 가을까지
- **발생장소** 산림 내 부식질이 많은 땅 위, 활엽수의 그루터기
- **식용여부** 미상
- **분포지역** 한국, 대만, 동남아시아

불명

담자균문	Basidiomycota
주름버섯강	Agaricomycetes
말뚝버섯목	Phallales
말뚝버섯과	Phallaceae
말뚝버섯속	Phallus

흑갈색의 점액에 포자를 가지고 있는 자실체

백색의 알에서 나온 자실체

긴 종 모양의 짙은 적갈색의 갓

백색의 알이 무리지어 있다.

알 속에 있는 어린 자실체

형태적 특징

붉은말뚝버섯의 자실체는 어릴 때 백색의 알 속에 싸여 있다. 알의 크기는 2~3㎝ 정도이며, 백색 또는 연한 자색을 띤다. 자실체가 성숙하면 머리와 대가 나와 높이 10~15㎝ 정도가 된다. 머리는 대의 위쪽에 있는데 1~3㎝ 정도이며, 긴 종 모양이고 짙은 적갈색이다. 표면은 위아래로 주름이 있으며, 그 속에 검은 적색의 기본체가 있고, 흑갈색의 점액이 나오는데 심한 악취가 난다. 대의 기부는 백색이고, 위쪽은 분홍색 또는 흑갈색이며, 원통형이다. 대의 속은 비어 있으며 표면에는 그물 모양으로 홈이 파여 있다. 기부에는 대주머니가 있다. 포자는 긴 타원형이다.

발생시기 및 장소

여름부터 가을까지 산림 내 부식질이 많은 땅 위, 활엽수의 그루터기 등에 홀로 나거나 무리지어 발생하며, 부생생활을 한다.

식용 가능 여부

식용 여부는 알려져 있지 않다.

분포

한국, 대만, 동남아시아

살쾡이버섯

살쾡이버섯 *Phellodon melaleucus* (Sw. ex Fr.) P. Karst.

- **발생시기** 여름과 가을
- **발생장소** 침엽수, 혼합림 내 땅 위
- **식용여부** 미상
- **분포지역** 한국, 일본, 유럽, 북아메리카

담자균문	Basidiomycota
주름버섯강	Agaricomycetes
사마귀버섯목	Thelephorales
노루털버섯과	Bankeraceae
살쾡이버섯속	Phellodon

갓은 회자색이며 끝은 백색을 띤다.

가죽처럼 질긴 자실체

자실층은 짧은 침상 돌기로 이루어져 있다.

형태적 특징

살쾡이버섯 갓의 지름은 2~5㎝ 정도이며, 부정원형 또는 오목편평형이다. 갓 표면은 매끄럽고 비단상 광택이 있으며, 회자색 또는 흑색이나 갓 둘레는 백색이다. 조직은 얇고 가죽질이며, 적자색 또는 흑색이다. 자실층의 침상 돌기는 0.05~0.1㎝ 정도이며, 처음에는 백색이나 점차 회자색이 된다. 대의 길이는 1~2㎝ 정도로 위쪽이 굵고, 표면은 매끄럽고 흑색이다. 포자문은 백색이며, 포자 모양은 구형이다.

발생시기 및 장소

여름과 가을에 침엽수, 혼합림 내 땅 위에 무리지어 나거나 홀로 발생한다.

식용 가능 여부

식용 여부는 알려져 있지 않다.

분포

한국, 일본, 유럽, 북아메리카

삼색도장버섯

삼색도장버섯 *Daedaleopsis tricolor* (Bull.) Bondartsev & Singer

- **발생시기** 1년 내내
- **발생장소** 고목이나 죽은 나무
- **식용여부** 미상
- **분포지역** 한국, 전 세계

가죽처럼 질긴 조직을 가지고 있다.

포자 형성층인 갓 아랫면

웃자라서 자실층이 주름상으로 길게 내려온다.

갓이 흑갈색을 띤 미세한 주름이 있는 자실체

복생하는 자실체

방사상으로 배열된 주름

형태적 특징 ·

삼색도장버섯의 갓은 지름이 2~8㎝이며, 두께는 0.5~0.8㎝ 정도이고, 반원형 또는 편평한 조개껍데기 모양이다. 갓 표면은 흑갈색이나 다갈색 또는 자갈색 등의 좁은 고리 무늬와 방사상의 미세한 주름이 있다. 조직은 회백색 또는 백황색이며, 가죽처럼 질기다. 갓 밑면의 자실층은 방사상으로 배열된 주름상이며, 주름살날은 불규칙한 톱니 모양이고, 처음에는 회백색이나 점차 회갈색으로 된다. 대는 없고 갓의 한 끝이 기주에 부착되어 있다. 포자문은 백색이고 포자 모양은 원통형이다.

발생시기 및 장소 ·

1년 내내 고목이나 죽은 나무에 무리지어 발생하며, 부생생활로 목재를 썩힌다. 여러 개가 기왓장 모양으로 겹쳐서 발생한다.

식용 가능 여부 ·

목재부후균으로 목재를 분해하여 자연으로 환원시킨다. 견고성이 없고 작아서 식용 가치가 없다.

분포 ·

한국, 전 세계

참고 ·

북한명은 밤색주름조개버섯이다. 관공이 주름살 형태이지만 구멍장이버섯과에 속한다.

솔방울털버섯

솔방울털버섯 *Auriscalpium vulgare* Gray

- **발생시기** 여름부터 가을
- **발생장소** 땅에 떨어진 솔방울 위
- **식용여부** 미상
- **분포지역** 한국, 전 세계

불명

담자균문	Basidiomycota
주름버섯강	Agaricomycetes
무당버섯목	Russulales
솔방울털버섯과	Auriscalpiaceae
솔방울털버섯속	Auriscalpium

자실층은 침 모양이다.

갓 표면에 갈색의 털이 덮여 있다.

신장형의 갓

자실층은 침상 돌기형

형태적 특징

솔방울털버섯 갓의 지름은 1~3㎝ 정도이고, 신장형으로 측면에 대가 있다. 표면은 진한 갈색 바탕에 갈색의 털이 덮여 있으며, 조직은 단단하고 밝은 갈색을 띤다. 자실층은 침상돌기형이고, 길이가 0.1~0.4㎝ 정도이다. 초기에는 백색이지만 성장하면서 담갈색 또는 회갈색으로 변한다. 대의 길이는 2~5㎝ 정도이며, 진한 갈색이고, 미세한 털이 전체에 덮여 있다.

발생시기 및 장소

여름부터 가을에 땅에 떨어진 솔방울 위에 한두 개씩 발생한다.

식용 가능 여부

식용 여부는 알려져 있지 않다.

분포

한국, 전 세계

참고

제주도에서는 솔방울과 삼나무 열매에서도 발생했다는 기록이 있다.

신알광대버섯

신알광대버섯 *Amanita neo-ovoidea* Hongo

- **발생시기** 여름부터 가을
- **발생장소** 활엽수림, 침엽수림의 지상
- **식용여부** 미상
- **분포지역** 한국, 일본

알 모양의 어린 자실체

백색의 턱받이 흔적이 있는 대

백색의 분질살 턱받이 흔적이 있는 대

갓 끝에 있는 내피막의 잔유물

외피막 흔적이 남아있는 자실체

백색의 조직 내부

대에서 떨어진주름살로 빽빽한 주름살

큰 인편의 외피막 흔적이 갓 위에 나타난 자실체

형태적 특징

신알광대버섯의 갓은 지름이 8~15㎝ 정도로 처음에는 구형이나 성장하면서 반구형을 거쳐 오목편평형이 된다. 갓 표면은 백색으로 분말상이나 후에 연한 황갈색의 외피막 흔적이 큰 인편으로 갓 위에 펼쳐지고, 갓 끝에는 내피막의 흔적이 남아 있다. 조직은 백색이나 상처를 주면 황색으로 변색된다. 주름살은 떨어진주름살형이고, 빽빽하며, 백색 또는 연한 황색이다. 대의 길이는 10~20㎝ 정도이며 백색의 분질상 턱받이 흔적이 있다. 대 아래는 황색의 사마귀 모양의 인편이 붙어 있고, 속은 차 있다. 포자문은 백색이고 포자 모양은 타원형이다.

발생시기 및 장소

여름부터 가을에 활엽수림, 침엽수림의 지상에 홀로 나거나 무리지어 발생한다.

식용 가능 여부

식용 여부는 알려져 있지 않다.

분포

한국, 일본

참고

2017년 중독환자 발생

용종버섯 *Polypus dispansus* (Lloyd) Audet

- **발생시기** 늦여름부터 가을까지
- **발생장소** 혼합림 내 땅 위
- **식용여부** 미상
- **분포지역** 한국, 일본, 북아메리카

작은 갓이 모여서 부채형을 이루는 자실체

매우 작고 원형인 관공

담자균문	Basidiomycota
주름버섯강	Agaricomycetes
무당버섯목	Russulales
미확정과	Incertae sedis
용종버섯속	Polypus

형태적 특징

용종버섯은 높이 5~15㎝, 너비 5~15㎝ 정도의 잎새버섯형이다. 작은 잎 모양의 갓이 수없이 집합하여 부채형 또는 반원형을 이루고 있다. 표면은 황색이며 미세한 인편이 있고, 갓 끝은 불규칙한 파도형이다. 관공은 길이 0.1㎝ 정도로 백색이고, 관공구는 매우 작고, 원형 또는 부정형이다. 대는 짧고 뭉툭하며, 회황색이고, 갈라져 있거나 불규칙한 홈이 있다. 포자문은 백색이며, 포자 모양은 구형이다.

발생시기 및 장소

늦여름부터 가을까지 혼합림 내 땅 위에 홀로 나거나 무리지어 발생한다.

식용 가능 여부

식용 여부는 알려져 있지 않다.

분포

한국, 일본, 북아메리카

이끼버섯

이끼버섯 *Rickenella fibula* (Bull.) Raithelh.

- **발생시기** 봄부터 가을 사이
- **식용여부** 미상
- **발생장소** 숲 속이나, 정원 등 이끼가 많은 곳
- **분포지역** 한국, 북반구 온대

불명

담자균문	Basidiomycota
주름버섯강	Agaricomycetes
소나무비늘버섯목	Hymenochaetales
이끼버섯과	Repetobasidiaceae
이끼버섯속	Rickenella

긴 대를 갖는다.

내린주름살이 성글다.

갓 표면에 나타난 반투명 홈선

이끼와 공생하는 자실체

갓 중앙부는 오목해진다.
갓 가장자리의 파상형 무늬
가운데는 진한 색을 띠고, 가장자리는 연한 색을 띠는 갓
등황색의 갓

형태적 특징

이끼버섯의 갓은 지름이 0.4~1.5㎝정도로 처음에는 종형 또는 반구형이나 성장하면서 가운데가 오목한 편평형이 된다. 갓 표면은 등황색 또는 등황적색이며 가운데는 진한 색을 띠고, 가장자리는 연한 색을 띤다. 갓 가장자리는 성숙하면 파상형의 무늬가 나타나며, 건조하면 건성이나 습하면 점성이 있고, 반투명선이 나타난다. 주름살은 내린주름살형이고, 성기고, 연한 황색이다. 조직은 연약해서 쉽게 부서진다. 대의 길이는 2~5㎝정도이며 연한 황색을 띠고, 속은 비어 있다. 포자문은 백색이며 포자 모양은 긴 타원형이다.

발생시기 및 장소

봄부터 가을 사이에 숲 속이나, 정원 등 이끼가 많은 곳에 홀로 또는 무리지어 발생한다.

식용 가능 여부

식용 여부는 알려져 있지 않다.

분포

한국, 북반구 온대

참고

매우 아름다운 버섯 중 하나이며, 이끼가 잘 자라는 환경에서 볼 수 있는 버섯이다.

장미자색구멍버섯

장미자색구멍버섯 *Abundisporus roseoalbus* (Jungh.) Ryvarden

- **발생시기** 여름부터 가을까지
- **발생장소** 활엽수의 고목 껍질
- **식용여부** 미상
- **분포지역** 한국, 전 세계

담자균문	Basidiomycota
주름버섯강	Agaricomycetes
구멍장이버섯목	Polyporales
구멍장이버섯과	Polyporaceae
자색구멍버섯속	Abundisporus

대가 없고 기주에 부착한다.
활엽수의 고목에 발생한 자실체
관공은 연한 자색을 띤다.

형태적 특징

장미자색구멍버섯은 갓이 5~10㎝, 높이가 5~8㎝ 정도이고, 표면은 회갈색 또는 자홍색이며, 동심원상 둥근 무늬가 있다. 갓 둘레의 성장 부위는 연한 분홍색을 띠며, 조직은 단단한 코르크질이다. 대는 없고 기주에 붙어 생활한다. 관공은 원형 또는 타원형이며, 연한 자주색 또는 연분홍색을 띠고, 관공구는 0.1㎝에 1~3개가 있다. 포자문은 백색이고, 포자 모양은 원통형이다.

발생시기 및 장소

여름부터 가을까지 활엽수의 고목 껍질에 무리지어 발생하며, 부생생활로 목재를 썩힌다.

식용 가능 여부

식용 여부는 알려져 있지 않다.

분포 지역

한국, 전 세계

접시버섯

접시버섯 *Scutellinia scutellata* (L.) Lamb.

- **발생시기** 여름부터 가을까지
- **발생장소** 썩은 나무, 쓰러진 나무 또는 부식질이 많은 땅 위
- **식용여부** 미상
- **분포지역** 한국, 전 세계

자낭균문	Ascomycota
주발버섯강	Pezizomycetes
주발버섯목	Pezizales
털접시버섯과	Pyronemataceae
접시버섯속	Scutellinia

무리지어 발생한다.

형태적 특징 • 접시버섯의 자실체는 지름이 0.5~1㎝의 작은 접시 모양이며, 조직은 부드럽고 두께는 0.1㎝ 정도이다. 버섯의 아랫면은 밝은 주홍색이고, 가장자리에는 흑갈색의 속눈썹 같은 빳빳한 털이 있다. 대는 없다. 포자문은 백색이며 포자 모양은 긴 타원형이다.

발생시기 및 장소 • 여름부터 가을까지 썩은 나무, 쓰러진 나무 또는 부식질이 많은 땅 위에 무리지어 발생한다.

식용 가능 여부 • 식용 여부는 알려져 있지 않다.

분포 • 한국, 전 세계

참고 • 자낭균류로 버섯(자낭반)의 가장자리 주위에 속눈썹 같은 검은 털이 있다.

밝은 주황색의 자실체

가장자리에 속눈썹 같은 털을 가지고 있는 자실체

제주쓴맛그물버섯

제주쓴맛그물버섯 *Tylopilus neofelleus* Hongo

- **발생시기** 여름부터 가을 사이
- **발생장소** 혼합림의 땅 위
- **식용여부** 미상
- **분포지역** 한국, 일본, 오스트레일리아

불명

담자균문	Basidiomycota
주름버섯강	Agaricomycetes
그물버섯목	Boletales
그물버섯과	Boletaceae
쓴맛그물버섯속	Tylopilus

대 아래쪽이 굵고 자홍갈색을 띤다.

아래쪽이 굵고 갓과 같은 색인 대

융단상의 갓 표면은 자갈색을 띈다.
초기에는 백색인 관공

관공은 처음에는 백색이나 포자가 성장하면 연분홍색을 띤다.

조직은 두껍고 단단하다.

백색의 조직

형태적 특징

제주쓴맛그물버섯의 갓은 지름이 5~11㎝ 정도로 처음에는 반구형이나 성장하면서 편평형이 된다. 갓 표면은 약간 융단상이며, 자갈색 또는 자홍갈색을 띤다. 조직은 두껍고 단단하며 백색이고, 맛은 아주 쓰다. 관공은 끝붙은관공형 또는 떨어진관공형이고, 처음에는 백색이나 성장하면서 연한 분홍색이 된다. 관공구는 다각형이고 처음에는 연한 분홍색 또는 자주색을 띤다. 대의 길이는 4~10㎝ 정도이며 아래쪽이 굵고 갓과 같은 색이다. 대 위쪽에는 망목형의 선이 있고, 조직은 백색이다. 포자문은 연한 분홍색이며, 포자 모양은 타원형이다.

발생시기 및 장소

여름부터 가을 사이에 혼합림의 땅 위에 홀로 발생하며, 부생생활을 한다.

식용 가능 여부

식용 여부는 알려져 있지 않으나 쓴맛이 강하므로 먹는 사람은 없다.

분포

한국, 일본, 오스트레일리아

좀노란밤그물버섯

좀노란밤그물버섯 *Boletellus obscurecoccineus* (Höhn.) Singer

- **발생시기** 여름부터 가을 사이
- **발생장소** 활엽수림, 침엽수림 내 땅 위
- **식용여부** 미상
- **분포지역** 한국, 일본, 오스트레일리아, 아프리카

불명

담자균문	Basidiomycota
주름버섯강	Agaricomycetes
그물버섯목	Boletales
그물버섯과	Boletaceae
밤그물버섯속	Boletellus

초기에는 반반구형의 갓

관공은 연황색 또는 녹황색을 띤다.

미세한 인편으로 가늘게 갈라진 갓

자홍색의 갓

형태적 특징

좀노란밤그물버섯의 갓은 지름이 3~7㎝ 정도로 처음에는 반반구형이나 성장하면서 편평형이 된다. 갓 표면은 미세한 솜털상 또는 미세한 인편으로 가늘게 갈라져 있으며, 자홍색 또는 적등색이다. 조직은 연한 황색인데 상처가 생기면 약간 청색으로 변하며, 쓴맛이 난다. 관공은 떨어진관공형이고, 연한 황색 또는 녹황색이다. 관공구는 약간 다각형이며 황색이다.

대의 길이는 3~13㎝ 정도이며, 위아래 굵기가 비슷하거나 아래쪽이 다소 굵다. 대의 표면에 섬유질의 세로선이 있고, 종종 위쪽에 비듬상 인편이 빽빽하게 분포되어 있다. 색은 백색 또는 분홍색을 띠고, 기부에는 백색 균사가 있다. 포자문은 녹갈색이며, 포자 모양은 긴 타원형이다.

발생시기 및 장소

여름부터 가을 사이에 활엽수림, 침엽수림 내 땅 위에 홀로 발생하며, 부생생활을 한다.

식용 가능 여부

식용 여부는 알려져 있지 않다.

분포

한국, 일본, 오스트레일리아, 아프리카

종버섯

종버섯 *Conocybe tenera* (Schaeff.) Fayod

- **발생시기** 여름부터 가을 사이
- **발생장소** 잔디밭, 길가, 풀밭 등
- **식용여부** 미상
- **분포지역** 한국, 전 세계

부식질이 많은 토양에 발생

원주형의 갓을 가진 자실체

주름살은 갈색을 띤다.

담자균문	Basidiomycota
주름버섯강	Agaricomycetes
주름버섯목	Agaricales
소똥버섯과	Bolbitiaceae
종버섯속	Conocybe

형태적 특징

종버섯의 갓은 지름이 2~4㎝ 정도로 원추형이거나 종형이며, 황토색을 띤다. 갓 표면은 매끄럽고, 습하면 반투명선이 나타나고, 건조하면 색이 변하는 현상이 일어나서 연한 황색으로 된다. 조직은 거의 없으며 쉽게 부서진다. 주름살은 끝붙은주름살형으로 조금 빽빽하며, 초기에는 백색이나 점차 갈색이 된다. 대의 길이는 5~9㎝ 정도로 가늘고 길며, 위아래 굵기는 비슷하다. 대 표면에는 세로줄 모양의 분질물이 있으며, 백색 또는 연한 갈색을 띠고, 속이 비어 있어서 쉽게 부러진다. 포자문은 연한 황갈색이며 포자 모양은 타원형이다.

발생시기 및 장소

여름부터 가을 사이에 잔디밭, 길가, 풀밭 등에 홀로 또는 흩어져 발생한다.

식용 가능 여부

식용 여부는 알려져 있지 않다.

분포

한국, 전 세계

찐빵버섯

찐빵버섯 *Kobayasia nipponica* (Kobayasi) S. Imai & A. Kawam.

- **발생시기** 여름부터 가을
- **발생장소** 활엽수림의 땅 위
- **식용여부** 미상
- **분포지역** 한국, 일본

불명

담자균문	Basidiomycota
주름버섯강	Agaricomycetes
말뚝버섯목	Phallales
말뚝버섯과	Phallaceae
찐빵버섯속	Kobayasia

하부에 뿌리 모양의 균사가 있다.

포자는 녹색의 방 벽에 형성된다.

어린 자실체의 내부는 백색이다.

내부에는 젤라틴이 있고 기본체는 녹색의 방이 있다.

형태적 특징

찐빵버섯의 자실체는 지름이 3~7㎝정도로 위쪽이 눌린 공 모양이고, 표면은 연한 회백색의 얇은 외피로 덮여 있으며 기부의 한쪽 끝에서 뿌리를 내린다.

내부의 기본체는 중심부에서 방사상으로 늘어진 타원형 구획으로 갈라져 그 사이에 젤라틴질이 차 있으나, 액화 후 중심부는 비게 된다. 타원형의 기본체는 검은 녹색의 연골질이며, 자실층은 기본체의 작은 방 내벽에 형성된다. 포자는 검은 녹색이며, 타원형이다.

발생시기 및 장소

여름부터 가을에 활엽수림의 땅 위에 홀로 발생하며, 부생생활을 한다.

식용 가능 여부

식용 여부는 알려져 있지 않다.

분포

한국, 일본

참고

자실체를 자르면 올리브색을 띤 창자 모양의 기본체가 부정형으로 나열되어 있는 것이 특징이다.

치마버섯

치마버섯 *Schizophyllum commune* Fr.

- **발생시기** 사계절 내내
- **발생장소** 고사목 또는 살아 있는 나무껍질
- **식용여부** 미상
- **분포지역** 한국, 전 세계

불명

담자균문	Basidiomycota
주름버섯강	Agaricomycetes
주름버섯목	Agaricales
치마버섯과	Schizophyllaceae
치마버섯속	Schizophyllum

갓 표면에 거친 털이 나 있다.

대는 없고 갓의 일부가 기주에 부착하여 생활

회백색의 이중주름살

건조한 자실체는 움츠러들고 비가 오면 다시 펼쳐진다.

대는 거의 없고 갓의 일부가 대에 부착한다.

털이 빽빽하게 나 있는 갓 표면

부드럽고 이중으로 주어진 주름살 끝

조직은 가죽질로 딱딱하다.

갓 끝이 모두 갈라진 오래된 자실체

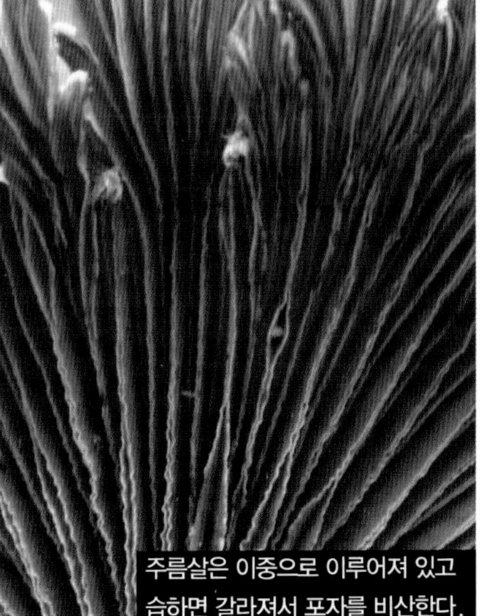
주름살은 이중으로 이루어져 있고 습하면 갈라져서 포자를 비산한다.

형태적 특징

치마버섯의 갓은 지름이 1~3㎝ 정도로 부채형 또는 치마 모양이다. 갓의 표면은 백색, 회색 또는 회갈색의 거친 털이 빽빽이 나 있으며 갓 둘레는 주름살의 수만큼 갈라져 있다. 조직은 가죽처럼 질기고, 건조하면 움츠러들지만 비가 와서 물을 많이 먹으면 회복된다. 주름살은 백색 또는 회백색을 띠며, 주름살 끝은 부드럽고 이중으로 이루어져 있다. 대는 없고,갓의 일부가 기주에 부착한 상태로 생활한다. 포자문은 백황색이고, 포자 모양은 원통형이다.

발생시기 및 장소

사계절 내내 고사목 또는 살아 있는 나무껍질 등에 무리지어 나거나 겹쳐서 발생하며, 나무를 분해하는 부후성 버섯이다.

식용 가능 여부

식용 여부는 알려져 있지 않으며 항종양제의 약용으로 이용하는 경우는 있다.

분포

한국, 전 세계

참고

중국 윈난성 지방에서는 건강에 매우 좋아 '백삼'이라 부른다.

콩버섯

콩버섯 *Daldinia concentrica* (Bolton) Ces. & De Not.

- **발생시기** 여름에서 가을까지
- **발생장소** 활엽수의 고목이나 그루터기
- **식용여부** 미상
- **분포지역** 한국, 전 세계

불명

자낭균문	Ascomycota
동충하초강	Sordariomycetes
콩꼬투리버섯목	Xylariales
콩꼬투리버섯과	Xylariaceae
콩버섯속	Daldinia

목재를 썩히며 군생

딱딱한 콩 모양의 어 린 자실체

목탄질의 오래된 버섯

표면에 검은색의 포자가 있는 자실체

흑갈색의 표면

불규칙한 혹 모양의 자실체

오래되어 잡균에 오염된 자실체

쪼개면 나이테 모양의 환문이 있다.

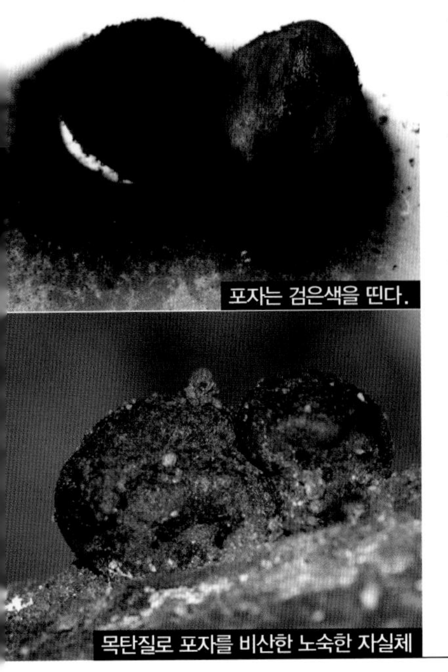
포자는 검은색을 띤다.

목탄질로 포자를 비산한 노숙한 자실체

형태적 특징

콩버섯은 지름이 1~2㎝ 정도로 구형 또는 반구형이며, 불규칙한 혹 모양이고, 여러 개가 모여서 크게 뭉쳐지기도 한다. 표면은 흑갈색 또는 검은색이며, 목탄질로 단단하고, 포자가 방출되면 흑색의 포자로 덮이게 된다. 안쪽은 회갈색 또는 어두운 갈색이고, 미세한 선이 보이는 섬유질이며, 나이테 모양의 검은 환 무늬가 있다. 자낭포자는 넓은 타원형이다.

발생시기 및 장소

여름에서 가을까지 활엽수의 고목이나 그루터기에서 목재를 썩히며 무리지어 발생한다.

식용 가능 여부

식용 여부는 알려져 있지 않다.

분포

한국, 전 세계

참고

콩버섯의 종단면을 보면 여러 개의 환 무늬가 있다.

털가죽버섯

털가죽버섯 *Crinipellis scabella* (Alb. & Schwein.) Murrill

- **발생시기** 봄에서 가을 사이
- **발생장소** 초원, 정원의 화본과 식물의 줄기
- **식용여부** 미상
- **분포지역** 한국, 북반구 일대

불명

담자균문	Basidiomycota
주름버섯강	Agaricomycetes
주름버섯목	Agaricales
낙엽버섯과	Marasmiaceae
털가죽버섯속	Crinipellis

짧은 털로 덮힌 대

주름살은 백색이다.

주름살은 떨어진주름살형

갓 중앙부에는 진한 갈색의 털이 있고 갓 둘레는 환문을 이룬다.

화본과 식물의 줄기에 자생하는 자실체

형태적 특징

털가죽버섯 갓의 지름은 0.7~1.4㎝ 정도이며, 초기에는 반구형이나 성장하면서 볼록평반구형이 된다. 갓 표면은 건성이고, 중앙부에는 진한 갈색의 털이 있으며, 갓 둘레는 광택이 있는 갈색 털이 환문을 이루고 있다. 주름살은 백색으로 떨어진주름살형이다. 대의 길이는 2~4.5㎝, 굵기는 9.1㎝ 정도이며, 어두운 갈색이고, 짧은 털로 덮여 있다. 포자문은 백색이며, 포자 모양은 난형이다.

발생시기 및 장소

봄에서 가을 사이에 초원, 정원의 화본과 식물의 줄기 등에 홀로 나거나 무리지어 발생한다.

식용 가능 여부

식용 여부는 알려져 있지 않다.

분포

한국, 북반구 일대

톱니겨우살이 버섯

톱니겨우살이버섯 *Coltricia cinnamomea* (Jacq.) Murrill

- **발생시기** 여름과 가을
- **발생장소** 침엽수가 많은 혼합림 내 땅
- **식용여부** 미상
- **분포지역** 한국, 전 세계

불명

담자균문	Basidiomycota
주름버섯강	Agaricomycetes
소나무비늘버섯목	Hymenochaetales
소나무비늘버섯과	Hymenochaetaceae
겨우살이버섯속	Coltricia

둥근 무늬의 테두리가 있는 갓

다각형의 관공구

방사상의 섬유 무늬가 있고 깔때기형을 이룬 자실체

얇은 조직은 가죽질이다.

형태적 특징 ·

톱니겨우살이버섯의 갓은 지름이 3~5㎝ 정도이고, 버섯 높이는 2~5㎝ 정도이며, 깔때기형이다. 갓 표면은 적갈색 또는 황갈색이며, 방사상의 섬유 무늬와 둥근 무늬의 테두리가 있고, 광택이 난다. 갓 둘레는 톱니상이고, 조직은 얇고 가죽질이며, 적갈색을 띤다. 관공은 0.1~0.2㎝ 정도이며, 황갈색 또는 암갈색을 띤다. 관공구는 다각형이며, 0.1㎝ 내에 2~3개 정도가 있다. 대의 길이는 1~4㎝ 정도이며, 원통형이며, 가운데에 있다. 대의 표면은 흑갈색이며, 기부는 다소 굵다. 포자문은 백색이며, 포자 모양은 타원형이다.

발생시기 및 장소 ·

여름과 가을에 침엽수가 많은 혼합림 내 땅 위에 무리지어 나거나 홀로 발생한다.

식용 가능 여부 ·

식용 여부는 알려져 있지 않다.

분포 ·

한국, 전 세계

흰애주름버섯

흰애주름버섯 *Mycena alphitophora* (Berk.) Sacc.

- **발생시기** 여름
- **발생장소** 낙엽, 떨어진 가지, 썩은 뿌리 등
- **식용여부** 미상
- **분포지역** 한국, 동아시아, 유럽, 북아메리카

담자균문	Basidiomycota
주름버섯강	Agaricomycetes
주름버섯목	Agaricales
애주름버섯과	Mycenaceae
애주름버섯속	Mycena

분질물이 많고 연약해서 잘 부러지는 긴 대

원형의 어린 갓

형태적 특징

흰애주름버섯의 갓은 지름이 0.5~1㎝ 정도로 처음에는 반구형 또는 반반구형이나 성장하면서 편평형으로 되며, 종종 갓 끝은 물결 모양을 이루거나 반전된다. 갓 표면은 백색이고, 백색 분말이 덮여 있으며, 방사상 홈선이 있다. 주름살은 끝붙은주름살형 또는 떨어진주름살형이고, 성글며 백색이다. 대의 길이는 2~4㎝ 정도로 가늘고 길며, 연약해서 쉽게 부러진다. 대의 속은 비어 있고, 표면에는 백색 분질물이 붙어 있으며 투명하다. 포자문은 백색이고, 포자 모양은 타원형이다.

발생시기 및 장소

여름에 낙엽, 떨어진 가지, 썩은 뿌리 등에 홀로 또는 무리지어 발생한다.

식용 가능 여부

식용 여부는 알려져 있지 않다.

분포

한국, 동아시아, 유럽, 북아메리카

가근(假根, rhizoid) : 버섯류의 대 기부 또는 특정 조류 등에서 엽상체의 한 부분을 이루는 단세포 또는 다세포성으로 가는 실뿌리를 닮은 구조이다. 가근은 기질에 부착 또는 물질의 흡수 기관으로서의 역할을 한다.

가는조개껍질형(세조개껍질형, crenulate) : 갓 끝 또는 주름살 끝이 가리비 조개껍질처럼 규칙적으로 굴곡이 진 상태로 조개껍질형보다 잘고 가늘다.

각피(殼皮, cuticle) : 갓이나 대의 가장 바깥쪽의 외피.

갈빗살형(兩側形, 左石同形, bilateral, divergent) : 주름살을 위에서 아래로 직각으로 잘라서 현미경으로 관찰하면 자실층의 균사조직이 중앙의 평행균사에서 양 바깥쪽으로 일정한 간격으로 비스듬히 나열되어 있는 상태.

갈색부후균(褐色腐朽菌, brown rotting fungi) : 목질부후균으로서 주로 목질의 셀룰로스를 분해하여 목질부를 점차 갈색으로 변화시키는 균.

강모체(剛毛體, seta) : 끝이 뾰족한 작살 또는 빳빳한 털 모양으로 암황갈색~갈색이나 KOH 용액에서 암갈색~흑색을 띠는 시스티디아의 일종.

깔때기형(infundibuliformis, funnel-shaped) : 갓의 가운데가 깊게 들어가 깔때기 모양으로 된 것.

격막(隔膜, septum) : 균류에서 균사의 내부에 있는 가로막으로, 고등 균류의 특징이기도 하다.

결합균사(結合菌絲, binding hyphae) : 세포벽은 두껍고 좁으며 부정형~산호형으로 많은 분지가 있고 격막이 없는 균사.

곤봉형(棍棒形, clavate) : 대 또는 시스티디아의 모양이 한쪽으로만 굵어져 곤봉 모양을 이루는 것.

곤충기생균(昆蟲寄生菌, entomopathogenic fungi) : 곤충에 병원성을 가지는 균으로, 대개의 경우 기주를 죽게 만든다.

골격균사(骨格菌絲, skeletal hyphae) : 세포벽은 두껍고 분지가 없거나 적으며, 격막이 없고 비교적 곧으며 약간 유연성이 있는 균사.

공생(共生, mycorrhizae) : 수목이나 식물의 뿌리에 기생하여 상호 도움을 주면서 살아가는 것.

관공(管孔, tube) : 갓의 하면에 포자 형성 기관이 주름살 대신 관공 모양으로 되어 있다(일부 민주름버섯목 그물버섯 등).

괴근상(塊根狀, bulbous) : 대의 기부가 팽대되어 양파 모양으로 된 것.

구형(求刑, globose, spherical) : 갓이나 자실체 또는 포자가 공 모양으로 둥근 것.

균륜(菌輪, fairyring) : 버섯이 매년 중심부에서 차차 바깥쪽으로 동심원을 형성하면서 발생하는 것.

균생(群生, gregarious) : 버섯이 한 장소에서 무리지어서 발생하는 것.

균사(菌絲, hypha) : 영양생장기관으로 가늘며 긴 실 모양의 기관.

균사조직(菌絲租織, 菌絲層, trama) : 버섯의 자실체를 이루고 있는 불임성의 균사조직으로서 근본적으로 원통형의 균사로 구성되어 있으며 격막(septa)에 의해서 세포가 나누어진다. 현미경적 개념의 용어이다.

근상균사속(根狀菌絲束, rhizomorph) : 세포벽이 두껍고 불임성의 균사 다발로서 대 기부에 발달하여 넝쿨 모양으로 길게 뻗어난 것.

균핵(菌核, sclerotium) : 균사 상호간에 엉키고 밀착되어 있는 균사조직으로, 불리한 환경에도 저항성을 가지는 일종의 휴면 기관.

기본체(基本體, gleba) : 자실체 내부에서 포자를 형성하는 기본 조직으로서 복균류에서 볼 수 있음.

기주(寄主, host) : 버섯이 발생할 수 있는 기질로서 식물, 동물 등이다.

기주 특이성(寄主特異性, host specificity) : 주어진 기생균이 제한된 기주에만 공생, 부생 전염 또는 병원성을 가지는 것.

깃(collar) : 대의 상단 부위에 둘러져 있는 반지 모양의 구조.

난형(卵形, ovoid) : 포자 또는 어린 자실체가 달걀 모양을 이룬 것.

다년생(多年生, perennial) : 자실체가 다년간에 걸쳐 생육하는 것.

다발생(多發生, fasciculate) : 자실체가 다발(bundle)로 발생하는 것.

다핵균사(多核菌絲, coenocytic hypha) : 균사에 격막이 없어 다수의 핵들이 세포질 속에 그대로 존재하는 균사.

단생(單生, solitary) : 버섯이 하나씩 발생하는 것.

담자균(擔子菌, basidiomycetes) : 고등균류 중 완전세대를 거친 담자포자를 담자기에 형성하는 균의 총칭.

담자기(擔子器, basidium) : 담자균류에 있어서 담자포자를 형성하는 곤봉 모양의 미세 구조.

담자뿔(小瓶, sterigmata) : 담자기의 상단에 형성되는 뿔 모양의 돌기로 4개 또는 2개씩 형성되며, 그 위에 담자포자를 하나씩 형성한다.

담자포자(擔子胞子, basidiospore) : 담자균류의 담자기 내에서 감수분열한 후 담자기 외부에 형성되는 포자.

대(柄, stipe) : 자실체의 줄기에 해당되는 부위로, 머리를 받쳐 지탱해주는 부분.

대주머니(volva) : 어린 버섯을 싸고 있던 외피막이 버섯의 생장에 따라 찢어져 대 기부에 막질의 주머니를 형성하는 것.

돌기선(突起線, tubercula-striate) : 갓 표면의 선 위에 돌기가 형성되는 것.

두부(頭部, head) : 대의 끝 부위가 상부 쪽이 머리 모양으로 팽대한 것(말뚝버섯, 말불버섯).

두상(頭狀, 유두상, capitate) : 정단 부위가 둥글고 머리 모양인 것(주로 시스티디아).

둔거치형(鈍鋸齒形, 무딘톱니꼴, 조개껍질형, crenate) : 갓 끝 또는 주름살의 날이 가리비 조개껍질의 끝과 같이 규칙적으로 굴곡이 진 상태.

막질(膜質, membranous) : 얇은 막으로 형성된 것.

망목상(網木狀, reticulate) : 갓이나 대 표면에 나타나는 그물 모양의 구조.

맥관연락(脈管連絡, 融合, 吻合, 側肝脈, anastomoses) : 주름살, 이랑이나 엽맥과 엽맥의 사이를 연결하는 cross-connection이다. 포자 표면의 날개(wing)와 날개 사이 또는 균사 사이에 나타나는 cross-connection을 표현할 때 사용함.

면모상(綿毛狀, 羊毛狀, flocci, floccose) : 버섯류의 자실체 갓 또는 대의 표면에 나타난 균사가 솜털(면모상) 또는 양털 모양인 것. 면, 플란넬을 닮은 것.

면역 글로불린(immunoglobulin) : 면역 작용에 관계하는 단백질.

멜저 용액(Melzer's solution) : 포타슘아이오다이드(potassium iodide) 1.5g, 아이오다인(iodine) 0.05g과 클로랄하이드레이트(choral hydrate) 20g을 증류수 20mL에 용해시켜서 만든다.

목질(木質, woody) : 자실층의 육질이 나무의 조직처럼 단단한 상태로 되어 있는 것.

무성생식(無性生殖, asexual reproduction) : 핵융합과 감수분열이 관련되지 않은 생식.

미로상(迷路狀, daedaleoid) : 자실층의 주름살이나 관공이 불규칙하고 복잡하게 배열되어 있는 상태.

반구형(半球形, hemiglobose, hemispherical) : 갓의 모양이 공을 반으로 잘라 엎어놓은 모양을 한 것.

반반구형(半半球形, convex) : 갓이 활 또는 만두 모양으로 둥그스름하게 형성된 모양을 말하며, 폭이 높이보다 긴 상태.

발아공(發芽孔, germ pore) : 포자의 정단에 있는 작은 구멍.

발아관(發芽管, germ tube) : 짧은 균사와 같은 구조로 많은 종류의 포자가 발아 시 형성됨.

방사상(放射狀, radial) : 중심에서 바깥쪽으로 우산살 모양으로 뻗은 모양.

방추형(放錘形, fusiform) : 포자나 시스티디아의 양 끝이 좁아져 럭비공 모양을 한 것.

배꼽형(臍型, umbilicate) : 중앙 부위에 있는 배꼽 모양의 홈.

배우자(配偶子, gamete) : 단상의 생식세포로, 유성생식 때 융합되어 수정이 일어난다.

배착성(背着性, resupinate) : 자실체의 전체가 기주에 붙어 발생하는 것.

백색부후균(白色腐朽菌, white rotting fungi) : 목질 중 주로 리그닌을 분해시키는 균으로 목질부를 점차 백색으로 변화시키는 균.

버터형(butiraceous) : 갓의 표면이 버터의 표면처럼 매끄러움을 나타낼 때 사용하는 표현.

병자각(柄子殼, pycnidium) : 보통 구형이거나 플라스크 모양으로 속이 비어 있는 구조를 하고 있으며, 비어 있는 내부에서 분생포자를 생산한다.

복숭아씨형(扁桃形, 아몬드형, amygdaliform) : 복숭아씨(편도) 모양, 아몬드(almond-shaped) 모양(주로 포자의 모양을 표현할 때 사용함).

부착세포(附着細胞, appressorium) : 평평한 균사조직으로, 작은 감염 기관이 기주의 표피세포 위에서 자라, 이를 뚫고 들어가는 기관.

부채꼴(扇形—, flabellate) : 부채 모양인 것. 버섯류의 자실체 또는 시스티디아의 형태를 묘사할 때 주로 사용함.

분생자병속(分生子柄束, synnema) : 분생자 자루가 다발로 뭉쳐져 신장된 포자 형성구조를 만든 것.

분생자 자루(分生子梗 또는 分生子柄, conidiophore) : 체세포 균사로부터 자라 분지한 균사로, 그 위에 또는 측면으로 분생포자 형성 세포를 생산한다.

분생포자(分生胞子, conidium) : 운동성이 없는 무성생식 포자로, 보통 분생자 자루 위에 형성된다.

분생포자 형성 세포(分生胞子形成細胞, conidiogenous cell) : 분생자 자루 위에서 발달하여 분생포자를 형성하는 세포.

불완전균(不完全菌, imperfect fungi) : 생식 수단으로서 분생포자와 같은 무성생식만을 하는 균류.

비아밀로이드(nonamyloid) : 멜저 용액에서 버섯의 균사나 포자 등이 담황색 또는 투명하게 나타나는 것.

사물기생(死物寄生, saprophyte) : 균이 죽은 기질을 분해하여 영양분을 섭취하며 살아가는 상태.

산호형(珊瑚形, Coral shape, coralloid) : 자실체가 하나의 짧은 대에서 계속 작은 분지로 나뉘어져 산호 모양을 이루는 형태.

서식자(棲息者, habitant) : 어떠한 장소에 자생하는 생물.

서식지(棲息地, 自生地, habitat) : 서식 또는 자생하고 있는 장소.

석회질의(石灰質의, calcareous) : 석회를 함유하고 있는(석회암 지대에서).

선(線, striate) : 갓과 대의 표면에 방사상 또는 세로로 형성되는 줄.

섬모형(纖毛形, ciliate) : 갓이나 주름살의 끝에 속눈썹 모양의 털이 있는 상태.

섬모(纖毛, fimbriate) : 갓이나 주름살의 가장자리(끝 부위)에 미세한 분질 또는 술이 있는 상태.

섬유상(纖柔狀, 線形, filiform) : 실 모양의, 실 모양으로.

섬유질(纖維質, fibrous) : 자실체를 형성하는 가늘고 길며 실 같은 조직.

세연쇄형(細連鎖形, 세체인형, catenulate) : 연쇄형보다 가늘고 미세한 형.

세체인형(細連鎖形, catenulate) : 세연쇄형을 참조.

세포형(細胞形, cellular) : 식물이나 동물의 세포처럼 둥근 세포로 구성된 균사로 된 조직을 일컬음.

소란자(小卵子, peridiole) : 기본체가 바둑돌 모양으로 포자를 싸고 있으며 포자 분산의 수단으로 이용되며, 찻잔버섯류에서 볼 수 있다.

소담자기(小擔子器, basidiole) : 어린 담자기, 담자기와 모양이 비슷하나 아직 담자뿔이 형성되지 않은 상태.

소둔거치형(小鈍鋸齒形, crenulate) : 갓 끝 또는 주름살 끝이 둔거치형보다 가늘고 잘게 굴곡이 진 상태.

소병포자(phialoconidia) : 작은 자루로부터 형성된 포자.

습성(習性, habitus) : 일반적인 모양, 형상.

시스티디아(cystidium, cystidia) : 담자균류의 자실체(갓, 대, 자실층 등) 표면에 나타나는 불임성, 다양한 모양의 말단세포.

아밀로이드(amyloid) : 멜저 용액에서 버섯의 균사나 포자 등이 청색~흑청색으로 변하는 반응.

연골질(軟骨質, cartilaginous) : 대의 조직이 단단하여 부러질 때 딱 소리가 나는 것.

연쇄형(連鎖形, 체인형, catenate) : 균사는 짧고 상당히 넓은 세포로 구성되어 있으며, 격막이 있는 부위가 잘록하게 수축되어 있어 마치 체인처럼 생긴 것.

엽상체(葉狀體, thallus) : 식물에서는 줄기, 뿌리, 잎의 구분이 없는, 비교적 간단한 식물체를 일컫는데, 균류에서의 엽상체는 영양 기간 동안의 형태를 나타낸다.

예형(銳形, 圓椎돌기, acute) : 끝이 뾰족한 상태를 나타내며, 버섯류의 자실체에 나타나는 불임성 조직으로 주로 시스티디아의 모양을 표현할 때 사용함.

요막형(尿膜形, 콩팥형, 소시지형, allantoid) : 콩팥, 소시지 또는 강낭콩 모양으로 한쪽 면은 안쪽으로 약간 굽어 있고 다른 쪽 면은 바깥쪽으로 둥굴게 굽어 있는 상태.

원추돌기(銳形, 圓椎돌기, acute) : 예형을 참조.

원추형(圓椎形, conic) : 갓의 중앙 부위가 뾰족한 고깔 모양이며, 높이가 폭보다 긴 모양.

원통형(圓筒形, cylindric) : 대나 포자의 모양이 같은 굵기로 원통을 이룬 것.

위(僞)아밀로이드(Pseudoamyloid) : 멜저 용액에서 버섯의 균사나 포자 등이 적갈색~갈색으로 변하는 반응.

위유조직(僞柔粗織, pseudoparenchyma) : 균사조직의 일종으로, 구성 균사들이 그들의 개별성을 잃어버린 조직.

유구(有口, ostiole) : 자낭과에서 목과 같은 구조로, 말단부에는 구멍이 있다.

유구형(類球形, subspherical, subglobose) : 포자나 시스티디아 등의 모양이 한쪽으로 약간 길거나 짧은 구형.

유성생식(有性生殖, sexual reproduction) : 배우자 간의 접합에 의하여 생식을 하는 것으로, 핵융합과 감수분열이 일어난다.

육질(肉質, 組織, flesh, context) : 조직 참조.

융합(融合, 吻合, 脈管連絡, 側肝脈, anastomoses) : 맥관연락을 참조.

이랑형(ridge) : 갓의 하면에 포자가 형성되는 부분이 밭이랑 모양으로 주름이나 굴곡이 진 모양(꾀꼬리버섯류).

2차기생(二次寄生, second parasitism) : 성숙한 자실체 위에 다른 균이 침입하여 기생하는 것.

2차포자(二次胞子, second spore) : 자낭포자의 격막 부분이 분열하여 각각이 개별적인 포자의 역할을 하는 것.

인피(鱗皮, scaly) : 대 또는 갓 표면에 손거스러미 모양으로 끝이 뾰족하거나 뭉툭하게 갈라진 것.

일반균사(一般菌絲, generative hypha) : 세포벽이 얇고 분지가 많으며 일반적으로 격막과 클램프가 있는 균사.

일년생(一年生, annual) : 자실체가 1년 내에 생장을 완성하는 것.

자낭(子囊, ascus) : 자낭균류의 특징으로, 보통 핵융합과 감수분열을 거쳐 형성되는 일정한 숫자의 자낭포자(보통 8개)를 포함하는 주머니 모양의 세포.

자낭각(子囊殼, perithecium) : 정단부에 유구를 가지고 있으며, 자체의 벽을 가지고 있는 자낭과.

자낭균강(子囊菌綱, ascomycetes) : 유성생식 포자로서, 일정한 숫자의 자낭포자를 자낭 내에 형성하는 균류.

자낭포자(子囊胞子, ascospore) : 감수분열에 의하여 자낭 내에 형성되는 자낭균류의 유성생식 포자.

자실체(子實體, fruting body, carpophore) : 버섯의 갓, 주름살, 관공, 대 등 전체를 말한다.

제1균사형(第1菌絲型, monomitic) : 일반균사 한 종류만으로 구성된 균사.

제2균사형(第2菌絲型, dimitic) : 일반균사와 골격균사 또는 일반균사와 결합균사 2종류의 균사로 구성된 것.

제3균사형(第3菌絲型, trimitic) : 일반균사, 결합균사 그리고 골격균사로 구성되어 있는 것.

자실층(子實層, hymenium) : 포자를 형성하는 담자기나 자낭이 있는 부위(주름살, 관공, 침상 돌기).

자실층사(子實層絲, trama) : 버섯의 자실층 내부의 균사층.

자웅이주(雌雄異株, heterothallic) : 유성생식을 위해서는 서로 다른 엽상체 위에 존재하는 화합성이 있는 배우자가 필요한 것.

자좌(子座, stroma) : 자낭각이 배열된 곤봉 모양, 또는 반구형의 머리와 이를 지탱하는 대를 일컬음.

작은자루(小柄, phialide) : 분생포자 형성 세포의 한 형태로, 출아성 분생포자를 생산한다.

접합균강(接合菌綱, zygomycetes) : 다핵균사를 가지고 있으며, 세포벽은 키틴 성분을 함유하고 있고, 무성생식은 포자낭 또는 분생포자를 형성하며, 유성생식은 유산한 형태의 배우자간 접합에 의하여 접합포자를 생산하는 균류.

접합포자(接合胞子, zygospore) : 접합균강에서 2개의 배우자간 융합에 의하여 형성된 휴면포자.

정기준(定基準, holotype) : 최초 저자에 의해서 새로운 종의 학명을 위하여 사용하였던 표본으로서 저자에 의해서 지정된 표본.

정단(頂端, apical) : 끝에, 끝쪽으로.

정단 고리(頂端一, apical ring) : 자낭의 정단부에 존재하는 작은 점.

조개형(conchate) : 버섯의 형태가 대합조개나 굴 모양인 것.

조직(租織, 肉質, flesh, context) : 버섯 자실체의 각피 아래의 조직을 구성하고 있는 불임성 세포의 집합체로서 육안적 개념의 용어임(균사조직, trama 참조).

종형(鐘形, campanulate) : 갓이 종 모양으로 된 것.

주름살(gill, lamella) : 주름버섯류에서 갓의 하면에 포자가 형성되는 물고기 아가미 모양의 판.

중심형(中心形, centric) : 대가 갓의 정중앙에 위치하는 것.

중앙볼록(혹상 돌기, umbo) : 갓의 중앙 부위에 있는 혹 모양의 돌기.

중앙볼록형(혹상 돌기형, umbonate) : 갓의 중앙 부위에 혹 모양의 돌기가 있는 것.

중앙오목형(concave) : 갓의 중앙 부위가 함몰되거나 오목하게 되어 있는 상태. 접시 모양의 것 [반의어 : 반반구형(convex)].

배꼽홈(umbilicus) : 갓의 중앙 부위에 있는 배꼽 모양의 홈.

배꼽홈형(umbilicate) : 갓의 중앙 부위에 배꼽 모양의 홈이 있는 것.

체인상(체인형, 連鎖狀, catenate) : 균사는 짧고 상당히 넓은 세포가 연결되어 있으며, 격막이 있는 부위가 잘록하게 수축되어 있어 마치 체인(chain) 모양인 것.

총생(叢生, caespitose, cespitose) : 자실체의 대 기부가 근접하여 매우 치밀하고 수북하게 발생하는 것.

출아세포(出芽細胞, blast cell) : 무성생식 세포의 일종으로 효모류에서 발견되는데, 출아법에 의하여 세포가 증식되는 것.

측간맥(側肝脈, 融合, 吻合, 脈管連絡, anastomoses) : 맥관연락을 참조.

측형(側形, lateral) : 갓의 가장자리에 대가 위치하고 있는 것.

타원형(楕圓形, elliptic) : 갓이나 포자의 모양이 길쭉하게 둥근 상태.

탁실균사(托室菌絲, capillitium) : 포자낭 내에 있는 사상형 관공 또는 균사(말불버섯류).

턱받이(annulus, ring) : 대와 갓이 성장하면 내피막의 일부가 대에 남아 막질의 반지 모양을 이루는 것. [annulate : 턱받이를 가진 또는 턱받이가 있는]

톱니형(serrate) : 주름살 끝이 톱니 모양으로 되어 있는 것(잣버섯, 표고).

파상형(波狀形, undulate) : 갓의 끝이나 주름살, 자실체가 불규칙한 파도 모양으로 형성된 것.

편도형(아몬드형, amygdaliform) : 복숭아씨형 참조.

편심형(偏心形, excentrix) : 대가 갓의 중앙 부위에서 약간 벗어난 위치에 있는 것.

폐포형(肺胞形, alveolate) : 버섯류 자실체의 갓이나 대의 표면에 곰보 자국 모양의 홈이 파여 있는 상태.

포자(胞子, spore) : 균류에서 종자의 역할을 하는 작은 번식 단위.

포자낭(胞子嚢, sproangium) : 주머니와 같은 구조로, 내부 원형질 성분 전부가 다수의 포자로 전환된다.

포자꼬리(pedicel) : 포자의 기부에 형성된 가늘고 긴 대로서 말불버섯류에서 흔히 볼 수 있다.

포자배꼽(胞子臍, apiculus) : 포자가 담자뿔에 부착되었던 부위로 포자의 기부에 유두상으로 돌출된 부위.

품종(品種, forma) : 분류학적으로 종(species) 하위 계급의 분류 단위. 변종(variety) 하위의 계급으로서 유전적 변이보다는 환경 영향에 의한 변이로 추정되는 품종.

혹상 돌기(중앙볼록, 각정, umbo) : 중앙볼록 참조.

후막포자(厚膜胞子, chlamydospore) : 휴면포자로서의 기능을 하는, 두꺼운 벽을 가진 무성포자. [Lentinellus cochleatus와 Nyctalis의 포자]

휴면포자(休眠胞子, resting spore) : 장기간의 휴면 기간을 거쳐 발아하는 두꺼운 벽을 가진 포자.

해면질(海綿質, corky) : 조직이 코르크 모양으로 되어 있는 것.

참고문헌

- **강원의 버섯.** 김양섭, 석순자, 성재모, 유관희, 차주영. 2002. 355pp. 강원대학교출판부.
- **독버섯 도감.** 김양섭, 김완규, 서장선, 석순자, 손창환, 이윤선, 임경수, 정미혜. 2011. 432pp. 푸른행복.
- **독버섯 쉽게 알아보기.** 석순자, 손창환, 임경수, 정미혜. 2015. 400pp. 푸른행복
- **생활 주변에서 흔히 볼 수 있는 버섯 100가지.** 김양섭, 석순자. 2016. 272pp. 가람누리.
- **송이생태시험지운영결과.** 양양군농업기술센터. 2002~2010. 농업기술센터
- **야생버섯 도감.** 김양섭, 석순자. 2016. 544pp. 푸른행복.
- **야생버섯 백과사전.** 석순자, 장현유, 고철순, 박영준. 2013. 528pp. 푸른행복.
- **우리 산야의 자연버섯.** 고철순, 석순자, 장현유. 2011. 440pp. 푸른행복.
- **원색도감 · 한국의 자연 시리즈①** 한국의 버섯. 박완희, 이호득. 2005. 508pp. (주)교학사.
- **원색 한국약용버섯도감.** 박완희, 이호득. 2003. 757pp. (주)교학사.
- **원색 한국의 버섯.** 조덕현. 2003. 436pp. 아카데미서적.
- **자연버섯 도감.** 석순자, 장현유, 박영준. 2017. 528pp. 푸른행복.
- **제주지역의 야생버섯.** 고평열, 김찬수, 변광옥, 석순자, 신용만. 2009. 463pp. 국립산림과학원.
- **한국의 버섯(식용버섯과 독버섯).** 농촌진흥청 농업과학기술원. 2004. 467pp. 동방미디어.
- **홍릉수목원의 보물찾기 버섯 99선.** 가강현, 박원철, 박현. 2009. 86pp. 국립산림과학원.
- **홍릉수목원의 버섯.** 가강현, 박원철, 박현, 여운홍, 윤갑희. 2003. 63pp. 임원연구원.